Geschichtliche Einzeldarstellungen aus der Elektrotechnik

Herausgegeben

vom

Elektrotechnischen Verein E. V.

Erster Band

Mit 99 Textabbildungen

Berlin
Verlag von Julius Springer
1928

ISBN 978-3-642-50362-7 ISBN 978-3-642-50671-0 (eBook)
DOI 10.1007/978-3-642-50671-0
Softcover reprint of the hardcover 1st edition 1928

Vorwort.

Die Elektrotechnik blickt auf eine zwar verhältnismäßig kurze, aber um so bedeutungsvollere und reichhaltigere Geschichte zurück. Im Interesse der wissenschaftlichen Forschung und zur Förderung der Weiterbildung der Fachgenossen wird der Elektrotechnische Verein geschichtliche Arbeiten aus den verschiedenen Gebieten der Elektrotechnik in zwangloser Folge als geschichtliche Einzeldarstellungen herausgeben. Der Verein ist überzeugt, daß dieses Unternehmen in den Reihen der Fachgenossen lebhaftem Interesse und reger Förderung begegnen wird.

Elektrotechnischer Verein E. V.

Der Vorsitzende:

K. W. Wagner.

Inhaltsverzeichnis.

I.
Die Geschichte des Transformators[1].

Von L. Schüler, Berlin.

Vorwort.

Die vorliegende Geschichte des Transformators habe ich auf Anregung und im Auftrage des Elektrotechnischen Vereins verfaßt, in dessen Ausschuß schon vor mehreren Jahren der Wunsch zum Ausdruck gebracht wurde, der Verein möge die Herausgabe geschichtlicher Arbeiten aus dem Gebiete der Elektrotechnik fördern. Bei den Beratungen über den hierbei einzuschlagenden Weg wurde beschlossen, zunächst irgendein Sondergebiet zu bearbeiten; es wurde hierfür die „Geschichte des Transformators" gewählt, einerseits, weil sie ein gut umgrenztes und nicht zu umfangreiches Gebiet darstellt, und anderseits, weil gerade in der Entwicklungsgeschichte des Transformators mannigfache Prioritätsstreitigkeiten geherrscht haben, die z. T. schon jetzt zur Legendenbildung geführt haben und besonders dringend der Klärung bedürfen. Die Bearbeitung anderer Gebiete soll folgen[2].

Es sind schon früher Versuche unternommen worden, eine geschichtliche Darstellung der Entwicklung des Transformators zu geben; so verfaßte Uppenborn im Jahre 1888 eine „Geschichte des Transformators" (Verlag von R. Oldenbourg); ferner veröffentlichte Franz Wilking im April 1889 in der ETZ „Beiträge zur Geschichte des Transformators". Diese sogenannten geschichtlichen Darstellungen waren aber in Wirklichkeit mehr oder weniger Streitschriften, die den Zweck verfolgten, auf die Fachwelt und auch wohl auf die Gerichte in den damals schwebenden Patentstreitigkeiten einzuwirken; so nimmt Uppenborn ausgesprochen für, Wilking ausgesprochen gegen Déri, Blathy, Zipernowsky Partei. Erst jetzt, nachdem der Streit der Meinungen zur Ruhe gekommen und die elektrischen Vorgänge, die damals wohl den Erfindern selbst noch recht unklar waren, in ihrer Bedeutung klar erkannt worden sind, ist der Zeitpunkt für eine wirkliche Geschichtschreibung gekommen.

Ich habe mich bestrebt, eine möglichst gedrängte und anschauliche Darstellung der Entwicklung zu geben; hierdurch wird bedingt, daß nur solche Erfindungen und Arbeiten erwähnt werden, die zu ihrer Zeit einen wirklichen Fortschritt darstellten. Zu beachten ist dabei allerdings, daß der Geschichtsschreiber sowohl den Pfadfindern gerecht

[1] Vgl. ETZ 1917, Heft 14. [2] Vgl. ETZ 1916, S. 377.

werden muß, die eine richtunggebende Erkenntnis äußerten, ohne sie weiter zu verfolgen, als auch denjenigen Bahnbrechern, die eine schon veröffentlichte, aber unbeachtete Erfindung sei es nochmals erfanden, sei es auch aufgriffen und sie durch zielbewußte Tatkraft zum Erfolge führten.

Als Quelle für meine Forschungen habe ich neben den oben angeführten Aufsätzen und den in der Arbeit näher bezeichneten Zeitschriften und Patentschriften das treffliche Buch von Fleming „The alternating current transformer“ (London 1888) benutzt. Außerdem haben mich die Herren Capito, Déri, Dolivo-Dobrowolsky, Epstein, Geist, Gumlich, Ferranti, Hochenegg, Kapp, Rühmkorff, Wilhelm von Siemens, Stern, Thomälen und die Firma Ganz & Co. durch wertvolle persönliche und briefliche Mitteilungen unterstützt, wofür ihnen auch an dieser Stelle mein Dank ausgesprochen sei.

Im Ausschuß des Elektrotechnischen Vereins war angeregt worden, unabhängig von diesen geschichtlichen Arbeiten, eine Sammlung wichtiger Arbeiten aus dem Gebiete der Starkstromtechnik herauszugeben. Ich habe versucht, diese beiden Anregungen miteinander zu verbinden, indem ich meiner Arbeit einen Anhang beifüge, in dem einige Aufsätze wörtlich bzw. in deutscher Übersetzung, abgedruckt sind, die meiner Meinung nach zu ihrer Zeit einen besonders ausgesprochenen Fortschritt bedeuteten.

1. Entwicklung des Induktionsapparates (1831—1856).

An erster Stelle müssen in einer Geschichte des Transformators die Namen Faraday und Henry genannt werden. Faraday (Abb. 1) entdeckte die elektromagnetische Induktion im Jahre 1831 und berichtete hierüber in demselben Jahre der Londoner „Royal Society“; sein Vortrag erschien im Jahre 1832 in den „Philosophical Transactions“, dem Organ der „Royal Society“[1]. Faraday ging von der damals bereits wohlbekannten Tatsache aus, daß ein elektrischer Strom in seiner Umgebung Magnetismus erzeugt, und legte sich die Frage vor, ob diese Erscheinung nicht auch umkehrbar sei. Auf Grund dieser Überlegung machte er zahlreiche Versuche, die in dem erwähnten Vortrag eingehend beschrieben sind. Er experimentierte zunächst mit einem Holzkern, auf dem 6 isolierte Lagen Draht aufgewickelt waren; er verband

Abb. 1. Michael Faraday.

[1] S. a.: Faraday: Experimentaluntersuchungen über Elektrizität. Deutsch von Dr. S. Kalischer. 1889.

die Lagen 1, 3, 5 zu einer fortlaufenden Wicklung und die Lagen 2, 4, 6 zu einer zweiten Wicklung, deren Enden er zu einem Galvanometer führte. Dann schickte er durch die erste Wicklung Strom aus einer Voltaschen Batterie und fand — zunächst nichts. Erst im weiteren Verlauf seiner Versuche bemerkte er, daß die Galvanometernadel immer dann ausschlug, wenn er den primären Stromkreis schloß oder öffnete. Er setzte dann die Versuche mit größter Sorgfalt fort und fand bald, daß der induzierte Strom — so nannte er ihn bereits — bedeutend stärker wurde, wenn er den Holzkern durch einen Eisenkern ersetzte. Die stärksten Wirkungen erzielte er aber, als er einen geschlossenen Eisenring benutzte, auf dem die beiden Wicklungen nebeneinander angebracht waren. In Abb. 2 ist die hierauf bezügliche Abbildung der Faradayschen Arbeit dargestellt; wie ersichtlich, unterscheidet sich diese Versuchsanordnung bereits grundsätzlich sehr wenig von einem Transformator im heutigen Sinne.

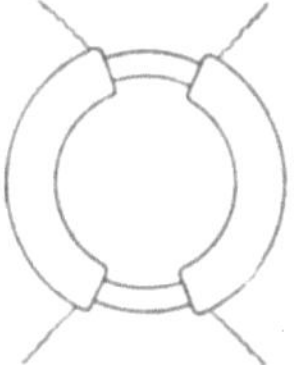
Abb. 2.

Unabhängig von Faraday experimentierte in Amerika im gleichen Jahre Joseph Henry (Abb. 3), Lehrer an der Akademie in Albany N. Y.; er brachte auf den Kern eines großen Elektromagneten eine besondere, von der Erregerwicklung isolierte Wicklung an und verband diese mit einem Galvanometer; er beobachtete dann Ausschläge des Galvanometers sowohl beim Ein- und Ausschalten des Erregerstroms, als auch beim Anziehen oder Losreißen des Ankers[1].

Abb. 3. Joseph Henry.

Auch Faraday hatte in der oben angeführten Arbeit schon Versuche beschrieben, bei denen der Anker eines Stahlmagneten mit einer Wicklung versehen wurde, in der dann beim Anziehen und Losreißen des Ankers Stromstöße erzeugt wurden; er nannte diese Erscheinung „magnetelektrische Induktion", im Gegensatz zur „voltaelektrischen Induktion", wie er die Entstehung von Stromstößen bei der Ein- und Ausschaltung benachbarter Ströme bezeichnete. In einer Anmerkung zu seiner Arbeit weist Faraday bereits darauf hin, daß die „magnetelektrische Induktion" zur Herstellung einer bequemen Elektrizitätsquelle benutzt werden könne; dagegen findet sich kein Anhaltspunkt dafür, daß Faraday auch an eine praktische Anwendung der „voltaelektrischen Induktion" gedacht hat. Er hatte offenbar anfangs noch nicht beobachtet, daß beim plötzlichen Unterbrechen des Erregerstromes an den Enden der Wicklung eine Spannung entsteht, die größer ist als die

[1] Sillimans American Journal of Science 1832, S. 205.

Spannung der benutzten Batterie; diese Beobachtung wurde vielmehr zuerst von Henry gemacht, der die Erscheinung auch bereits ganz richtig der „Selbstinduktion" der Wicklung zuschrieb[1]. Auf dieser Erkenntnis baute sich dann die weitere Entwicklung der als „Induktionsapparat" oder „Funkeninduktor" bekannten Vorrichtungen auf; da ihre konstruktiven Einzelheiten später beim Bau von Transformatoren als Grundlage dienten, muß eine Geschichte des Transformators sich zunächst mit diesen Apparaten beschäftigen.

Die erste Verbesserung der Henryschen Vorrichtung zum Zweck der Erzeugung hoher Spannungen wurde 1835 von Prof. Page in Washington gemacht; das Schaltungsschema des von ihm hergestellten Apparates ist in Abb. 4 dargestellt[2]. Die Wicklung, deren Enden mit 1 und 5 bezeichnet sind, ist mit den Abzweigungen 2, 3 und 4 versehen; Page verband nun die Klemme 1 und 2 mit der Batterie und fand bei Berührung der verschiedenen Klemmen, daß der elektrische Schlag beim Öffnen des Schalters um so stärker war, je weiter die berührten Enden voneinander entfernt lagen. Der im Jahre 1836 in „Sturgeons Annalen" veröffentlichte Bericht zeigt, daß Page die Induktion der verschiedenen Abteilungen der Spule aufeinander schon richtig erkannt hat. Diese Schaltung von Page ist dadurch von besonderem Interesse, daß sie der Schaltung unserer heutigen Zusatz- oder Spartransformatoren entspricht; sogar den Regulier- oder Stufentransformator hat Page durch die verschiedenen Anzapfungen der Wicklung vorausgeahnt. Diese Schaltung, die uns heute immerhin komplizierter erscheint, ist also früher entstanden als die Schaltungsweise des gewöhnlichen Transformators mit getrennter Primär- und Sekundärwicklung.

1 2 3 4 5

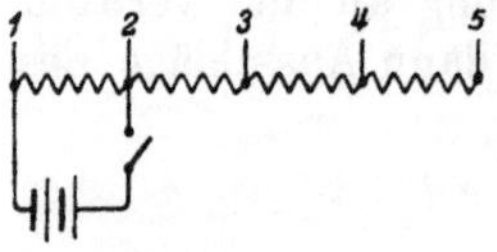

Abb. 4.

Page stellte die verschiedenen Abteilungen der Wicklung aus der gleichen Drahtsorte her, was naturgemäß eine Platz- und Materialverschwendung bedeutet. Der englische Pfarrer Callan veröffentlichte gleichzeitig[3] mit Page die Beschreibung eines von ihm im Jahre 1836 hergestellten Induktionsapparates, bei dem der an die Batterie angeschlossene Teil der Wicklung aus dickem, der andere Teil aus dünnem Draht bestand. Zunächst verband Callan nach Pages Vorbild die beiden Wicklungsteile miteinander, doch veröffentlichte er bereits 1837 in „Sturgeons Annalen" die Beschreibung eines Apparates mit getrennter Primär- und Sekundärwicklung. Ein weiterer wichtiger Schritt wurde in demselben Jahre von Prof. G. H. Buchhoffner gemacht, der den bisher benutzten massiven Eisenkern durch ein Drahtbündel ersetzte[4].

Durch Anwendung des Quecksilberunterbrechers und Parallelschaltung eines Kondensators zu diesem, vor allem aber durch große Länge und überaus sorgfältige Isolierung der Sekundärwicklung, ist es dem

[1] Journal of the Franklin Institute 1835, S. 169.
[2] American Journal of Science 1835, S. 137.
[3] Sturgeons Annals of Electricity Bd. 1.
[4] Sturgeons Annals of Electricity Bd. 2, S. 205.

Hannoveraner Rühmkorff, der in Paris eine mechanische Werkstätte betrieb, 1851 gelungen, den Funkeninduktor auf einen hohen Grad der Vollendung zu bringen (Abb. 5).

Der Apparat, der nach seinem Erbauer kurz „Rühmkorff" genannt

Abb. 5.

wurde und bei Anwendung von nur 6 Bunsen-Elementen Funken von über 40 cm Länge erzeugte, erhielt auf der Internationalen Industrieausstellung zu Paris im Jahre 1855 den ersten Preis. Rühmkorff (Abb. 6) selbst wurde das Ritterkreuz der Ehrenlegion verliehen[1].

Abb. 6. Rühmkorff.

Im Jahre 1858 wurde ihm von der Akademie der Wissenschaften der sogenannte Tremon-Preis und im Jahre 1864 der von Napoleon ausgesetzte Voltapreis im Betrage von 50000 Fr. zuerkannt.

Der bei Vergebung des letzteren Preises von Dumas erstattete Bericht der Kommission[2], welcher auch Regnault, Becquerel und Jamin angehörten, hebt besonders hervor, daß der Rühmkorffsche Induktionsapparat den Strom der Voltasäule, gekennzeichnet durch große Stromstärke und geringe Spannung, in Elektrizität von geringerer Stromstärke, aber hoher Spannung umwandelt.

Die bis jetzt beschriebenen Apparate waren zwar mit einem Eisenkern versehen, arbeiteten aber mit offenem magnetischen Kreis, obgleich

[1] E. Kosack: „Heinrich Daniel Rühmkorff, ein deutscher Erfinder." Hannover 1903.
[2] Le Moniteur Universel (Paris) vom 13. September 1864.

der geschlossene magnetische Kreis, wie erwähnt, schon von Faraday und Henry benutzt worden war. Die Konstrukteure dieser Apparate haben jedenfalls empirisch gefunden, daß für den von ihnen beabsichtig-

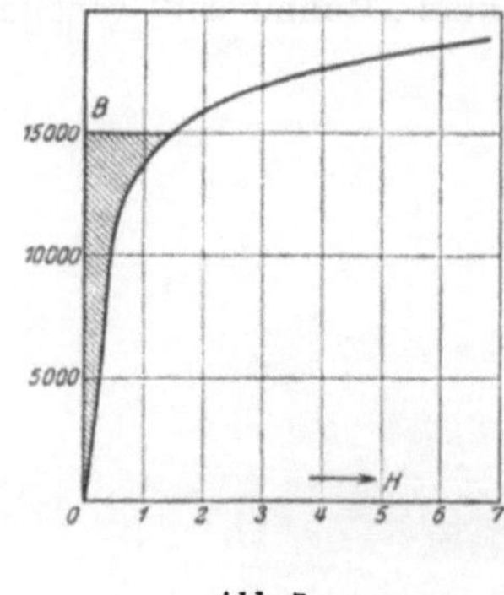

Abb. 7.

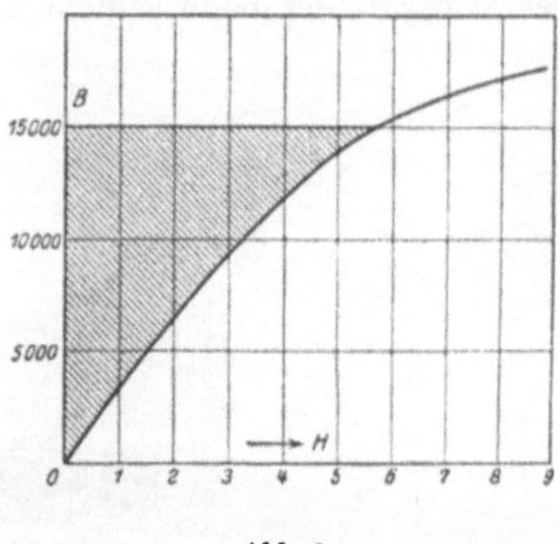

Abb. 8.

ten Zweck — Erzeugung kräftiger Funken — der offene magnetische Kreis günstiger ist; der wirkliche Grund hierfür ist selbst heute noch nicht allen Fachleuten in voller Schärfe geläufig: Es handelt sich bei diesen Apparaten darum, eine möglichst große Energiemenge zunächst in Form von magnetischer Energie aufzuspeichern und dann durch Stromunterbrechung plötzlich frei werden zu lassen. In Abb. 7 ist die Magnetisierungskurve eines ganz geschlossenen Eisenkreises dargestellt, in Abb. 8 die Magnetisierungskurve desselben Eisenkreises nach Einfügung eines Luftraumes. In beiden Fällen soll mit einer höchsten Kraftliniendichte von 15000 gearbeitet werden; dann stellt die schraffierte Fläche die magnetisch aufgespeicherte Energiemenge dar. Wie ersichtlich, ist diese beim offenen magnetischen Kreis wesentlich größer als beim geschlossenen.

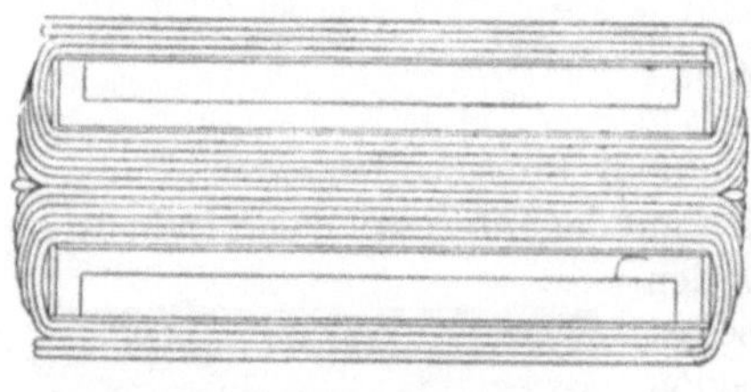

Abb. 9.

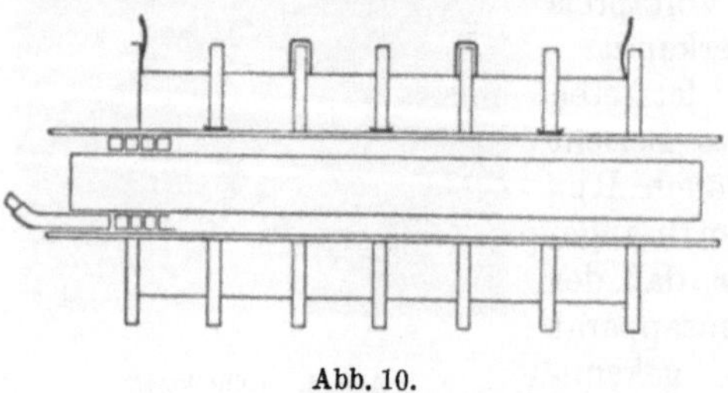

Abb. 10.

Der erste Apparat mit geschlossenem magnetischen Kreis wurde im Jahre 1856 durch das engl. Pat. Nr. 3059/1856 von Varley beschrieben; er benutzt als Kern ein Drahtbündel und biegt die Enden der einzelnen Drähte dann außen um die Spule herum, so daß ein geschlossener magnetischer Kreis entsteht (Abb. 9). Als Funkeninduktor wäre dieser Apparat aus dem obenerwähnten Grunde unzweckmäßig gewesen, doch sollte er auch nicht als solcher, sondern für telegraphische

Zwecke dienen. Varley stellte demnach zuerst einen Transformator mit geschlossenem unterteilten Eisenkreis und gleichzeitig den ersten Manteltransformator her. Aber noch ein weiterer wichtiger Fortschritt wurde gleichzeitig von Varley gemacht; er benutzte nämlich, wie aus dem obenerwähnten englischen Patent hervorgeht, „drei oder mehr flache Spulen, die nebeneinander angeordnet sind, derart, daß die sekundären Spulen zwischen den primären liegen". Varley ist also auch der Erfinder der „Scheibenspulenwicklung". Eine weitere Figur des umfangreichen Varleyschen Patents ist in Abb. 10 wiedergegeben. Hier ist besonders die Unterteilung der Hochspannungswicklung und die Verwendung von Vierkantdraht zu beachten.

2. Erste Anwendungen für Beleuchtungszwecke: „Teilung des elektrischen Lichts" (1862—1879).

Anfangs der 60er Jahre setzen die Bestrebungen ein, Induktionsapparate mit Wechselstrom, also ohne Unterbrecher zu betreiben und für die Zwecke der elektrischen Beleuchtung nutzbar zu machen. Den Anstoß hierzu gab die damals beginnende Entwicklung der Wechselstromerzeuger, wobei vor allem an die im Jahre 1857 entstandenen Maschinen der französischen Gesellschaft „Alliance" erinnert sei. Der erste derartige Versuch wird im englischen Patent Nr. 1516 vom Jahre 1862 von Morris, Weare und Monckton beschrieben; wenn man den nach heutigen Begriffen brauchbaren Kern aus diesem bemerkenswerten Patent herausschält, so findet man, daß die Erfinder Vakuumröhren zur Beleuchtung benutzten und sie mit Strom aus magnetelektrischen Maschinen speisen wollten, wobei die erforderliche hohe Spannung durch Zwischenschaltung von Induktionsspulen erzielt werden sollte.

In den 60er und 70er Jahren wurden dann die elektrischen Stromerzeuger und im Zusammenhang damit die elektrische Beleuchtung weiterentwickelt. Bekanntlich gelang es anfangs nicht, mehrere Bogenlampen gleichzeitig von einem Stromerzeuger zu speisen; es war dieses Problem der „Teilung des elektrischen Lichtes", das damals die Geister beschäftigte. Die erste praktische Lösung gelang Jablochkoff mit seinen elektrischen Kerzen. Da diese keinen Regulierungsmechanismus besaßen, so konnte er eine große Anzahl hintereinander schalten, ohne daß gegenseitige Beeinflussung stattfand. Der natürliche große Spannungsabfall des Stromerzeugers übernahm hierbei die Funktion des Beruhigungswiderstandes, der bei solchen Lampen, die Leiter zweiter Klasse benutzen, unbedingt notwendig ist. Eine Parallelschaltung der einzelnen Kerzen war natürlich nicht möglich, da hierbei die regelnde Wirkung des Spannungsabfalls auf die einzelnen Kerzen nicht zur Geltung kommen konnte, und die Kerzen sofort verbrannten. Hätte Jablochkoff den später bei den Nernstlampen benutzten Eisendrahtwiderstand gekannt, so hätte er seine Kerzen auch in Parallelschaltung betreiben können.

Die Hintereinanderschaltung der Kerzen war aber sehr störend, da bei zufälligem Versagen einer Kerze die ganze Reihe erlosch. Um diesem Übelstand abzuhelfen, kam Jablochkoff im Jahre 1877 auf den Gedanken, mehrere Stromkreise dadurch zu schaffen, daß er eine Anzahl Induktionsspulen primär in Reihe schaltete und von der Sekundärwicklung jeder Spule eine oder eine kleine Anzahl in Reihe geschalteter Kerzen speiste. Abb. 11 stellt die bezügliche Figur des Jablochkoffschen britischen Patents Nr. 1996 vom Jahre 1877 dar.

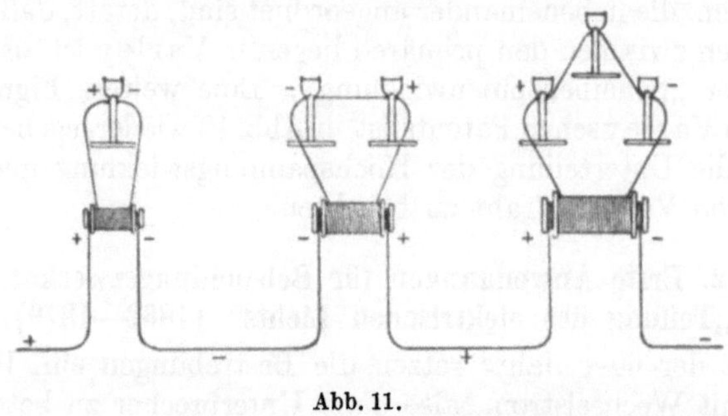

Abb. 11.

Es ist von besonderem Interesse, die Wirkungsweise dieser Anordnung von unserem heutigen Gesichtspunkte aus zu betrachten: Hätte Jablochkoff Transformatoren mit geschlossenem Eisenkreis (also mit etwa 5 bis 10% Magnetisierungsstrom) benutzt, so wäre die Schaltung unmöglich gewesen, denn beim Verlöschen einer Kerze wäre die Klemmenspannung des betreffenden Transformators auf ein Mehrfaches des Normalwertes gestiegen, und der Transformator wäre infolge der Übersättigung des Eisens verbrannt. Jablochkoff dachte aber offenbar nur an Induktionsspulen mit offenem Eisenkreis (wie auch seine Figur zeigt); bei diesen ist der Magnetisierungsstrom im allgemeinen so groß, daß bei Unterbrechung des Sekundärkreises und annähernd gleichbleibendem Primärstrom die Spannung kaum mehr als um 30 bis 50% steigen wird. Eine solche Induktionsspule benimmt sich also bei gleichbleibendem Primärstrom ähnlich wie ein Stromerzeuger mit 30 bis 50% Spannungsänderung und ist demnach zur Speisung der einzelnen Kerzen recht gut geeignet.

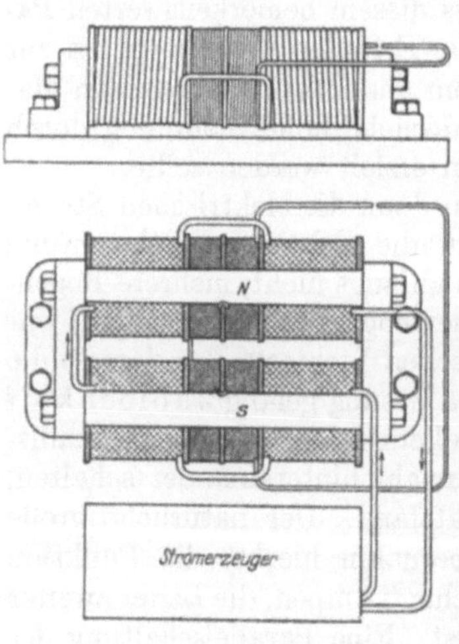

Abb. 12.

Jablochkoff nahm im Jahre 1878 auch ein deutsches Patent (Nr. 1639). Der hier interessierende Patentanspruch lautet: „Die Einführung einer Serie von Induktionsrollen in den Umkreis eines beliebigen Elektrizitätsgenerators zur Erzeugung einer Serie von Induktionsströmen, welche es gestatten, Lichtherde von verschiedener Intensität durch eine einzige Elektrizitätsquelle zu versorgen, was zur vollständigen Teilbarkeit des elektrischen Lichts führt."

Zur praktischen Anwendung scheint jedoch die Jablochkoffsche Transformatorenschaltung damals noch nicht gekommen zu sein; die anfangs der 80er Jahre in der Literatur beschriebenen Anlagen mit Jablochkoffschen Kerzen sind sämtlich mit direkter Reihenschaltung der Kerzen ausgeführt. Erst 1889 wurde auf der Pariser Ausstellung eine Anlage mit 90 Jablochkoffschen Kerzen gezeigt, bei der je 6 hintereinandergeschaltete Kerzen von einem Transformator gespeist wurden; die Transformatoren waren primär in Reihe geschaltet, ihr Übersetzungsverhältnis betrug 1 : 1.

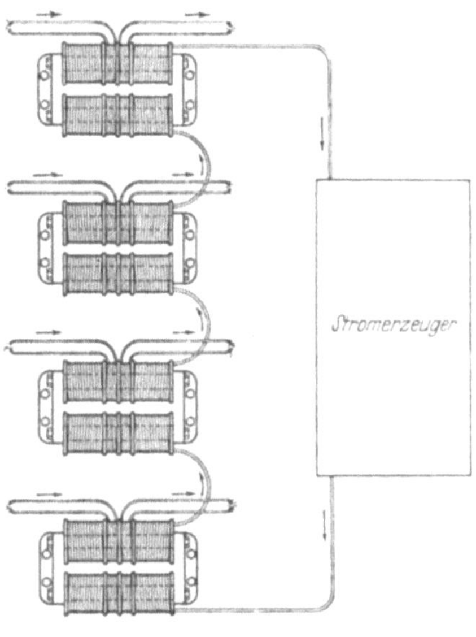

Abb. 13.

Fast gleichzeitig mit Jablochkoff hatten verschiedene andere Erfinder den Gedanken, durch Reihenschaltung von Induktionsspulen unabhängige Lokalstromkreise zur Speisung einzelner Lichtquellen zu schaffen. Die englischen Patente von 1878 Nr. 4212 von C. T. Bright, Nr. 4611 von Edwards und Normandy, Nr. 5183 von I. B. Fuller (New York) und Nr. 5257 von de Meritens beziehen sich alle auf die gleiche Schaltung. Genauere Angaben über die zu verwendenden Induktionsspulen geben von diesen nur Fuller und de Meritens. Fullers Apparate und ihre Schaltung sind in Abb. 12, 13, 14 dargestellt; die Spulen sehen aus wie Transformatoren mit geschlossenem Eisenkreis, sind es aber nicht. Die an den Enden der Kerne angebrachten 4 Primärspulen sind nämlich so geschaltet, daß sich je 2 Spulen eines Kerns entgegenwirken, wobei also in der Mitte der Kerne Pole entstehen und die Kraftlinien durch den Luftraum zwischen den Kernen hindurchtreten müssen. Dem Erfinder hat hier offenbar die Schaltung der Magnetspulen der Gramme-Dynamo vorgeschwebt. Selbstverständlich konnte hierbei in den auf dem mittleren Teil des Kerns angebrachten Sekundärspulen überhaupt keine Spannung entstehen. Offenbar hat auch Fuller sein System nie zur Ausführung gebracht, sonst hätte er seinen Irrtum sofort merken müssen.

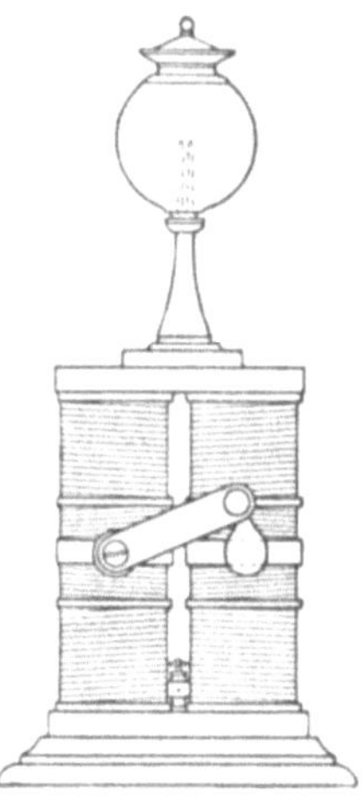
Abb. 14.

Von besonderem Interesse ist der Hebel in Abb. 14; dieser soll nämlich aus Eisen bestehen und einen teilweisen magnetischen Nebenschluß darstellen zum Zweck, die Sekundärspannung zu regeln.

Während Fuller das Gestell seiner Induktionsspulen anscheinend aus massivem Eisen herstellen wollte, sollten die Kerne bei de Meritens (engl. Pat. Nr. 5257/1878) aus Bündeln von Eisendraht bestehen; auch wollte er einen nahezu eisengeschlossenen magnetischen Kreis verwenden.

Alle diese Patente waren nun vorläufig nichts anderes als bedrucktes Papier, keine einzige praktische Ausführung ist bekanntgeworden. Fuller scheint allerdings von der Bedeutung seiner Erfindung eine hohe Meinung gehabt zu haben, denn er veröffentlichte in der „Electrical Review" (London) vom 15. April 1879 eine Beschreibung, die schon ein ganzes Projekt für eine Stadtzentrale enthielt, mit Einzeltransformatoren für jede Lampe; die Transformatoren jedes Hauses sollten hintereinander geschaltet, die einzelnen Hausgruppen aber parallel an die Straßenkabel angeschlossen sein.

Fuller starb bereits im Februar 1879, und sein System geriet, ebenso wie die übrigen Patente von 1877 und 1878, in Vergessenheit. Inzwischen war die Teilung des elektrischen Lichtes durch die Differentialbogenlampe und die Glühlampe gelungen, und nach Edisons Vorbild ging man zur Parallelschaltung der einzelnen Lampen über. Allerorts schossen größere und kleinere elektrische Beleuchtungsanlagen aus dem Boden; man kann das Jahr 1879, in dem auch der Elektrotechnische Verein gegründet wurde, wohl als das Geburtsjahr der „Elektrotechnik" in unserem heutigen Sinne betrachten.

3. Fernübertragung durch Transformatoren in Reihenschaltung (1882—1884).

Bald aber zeigte sich doch, daß der Ausdehnung der elektrischen Anlagen gewisse enge Grenzen durch den ökonomisch zulässigen Kupferaufwand gezogen waren. Die Betriebsspannung der Glühlampen konnte damals nicht über 110 V gesteigert werden, und hiermit ließen sich bei größeren Leistungen nur Entfernungen von wenigen hundert Metern überwinden; das Dreileitersystem brachte zwar einige Besserung, aber keine vollständige Hilfe. Die Versorgung großer Städte durch eine außerhalb des Verkehrszentrums gelegene Zentrale oder gar die Fernübertragung größerer Wasserkräfte, an die man damals bereits dachte, erschien aussichtslos. Der von Marcel Deprez gelegentlich der Elektrizitätsausstellung in München 1882 unternommene Versuch einer Arbeitsübertragung über 57 km mit Gleichstrom von 2000 V scheiterte nach anfänglichem Gelingen schließlich am wiederholten Durchschlagen der Maschine.

In diesem Stadium der Entwicklung war es, als Gaulard (Abb. 15) und Gibbs mit ihren „Sekundärgeneratoren" auftauchten. Sie nahmen das engl. Pat. Nr. 4362 vom Jahre 1882, das aber gegenüber dem Jablochkoffschen von 1877 und seinen Nachfolgern grundsätzlich nichts Neues enthält. Hier wie dort sollte eine Reihe von Induktionsspulen primär hintereinander geschaltet werden, und deren Sekundärwicklungen sollten zur Speisung einzelner Gruppen von Lampen dienen; ein wesentlicher Unterschied war allerdings der, daß Jablochkoff die an jede

Spule angeschlossenen Kerzen in Reihe schalten wollte, während Gaulard und Gibbs mit parallel geschalteten Lampen arbeiteten. Um dies zu ermöglichen, mußten sie ein Mittel haben, um bei Ein- und Ausschalten einzelner Lampen die Sekundärspannung nachzuregeln, was ja wegen der primären Hintereinanderschaltung der Spulen unbedingt notwendig war; das System mußte eben, wie alle Seriensysteme, mit konstanter Stromstärke arbeiten. Zu diesem Zweck richteten sie die Kerne ihrer Spulen zum Herausziehen ein, d. h. bei schwächerer Belastung vergrößerten sie künstlich den zur Aufrechterhaltung der normalen Feldstärke notwendigen Magnetisierungsstrom. Selbstverständlich arbeitete diese Vorrichtung nicht automatisch, es mußte also bei schwankender Belastung dauernd von Hand nachgeregelt werden.

Abb. 15. Gaulard.

Gaulard und Gibbs werden heute von vielen als „die“ Erfinder des Transformators angesehen; das sind sie zwar nicht, trotzdem aber haben sie sich zweifellos ein bedeutendes Verdienst erworben, denn sie waren die ersten, die einen Versuch in großem Maßstabe wagten und dadurch die Augen der Fachleute auf die technischen Vorteile der Induktionsspulen für die Fernübertragung elektrischer Arbeit lenkten. Ein Unterschied in dem Gedankengang von Gaulard und Gibbs gegenüber ihren Vorläufern besteht ferner darin, daß sie die Induktionsspulen zu dem wohlerwogenen Zweck benutzten, durch Hintereinanderschaltung der einzelnen Spulen die Stromstärke in den Fernleitungen zu verringern und dadurch die Versorgung größerer Gebiete zu ermöglichen. Derartige Absichten lagen den früheren Erfindern fern, denen es zunächst nur darauf ankam, das Problem der Teilung des elektrischen Lichtes überhaupt zu lösen.

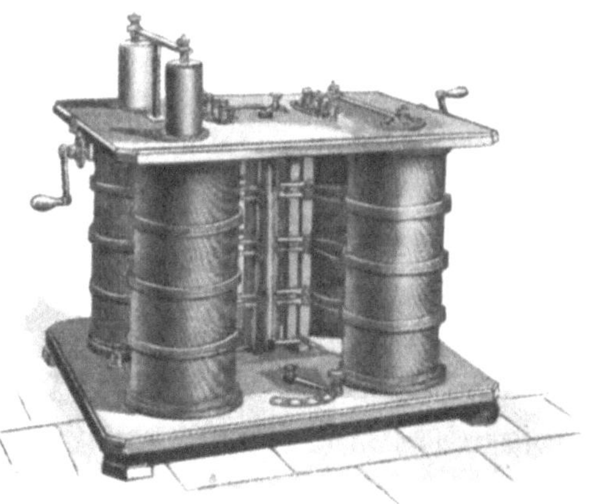

Abb. 16.

Die erste Anlage von Gaulard und Gibbs wurde im Jahre 1883 in der elektrischen Ausstellung im Westminster-Aquarium in London gezeigt[1]. Es waren zwei Sätze der in Abb. 16 dargestellten Induktions-

[1] Electrical Review Bd. 12, S. 325. London 1883.

spulen primär hintereinander geschaltet; sie wurden von einer Siemensschen Wechselstrommaschine gespeist. Der Primärstrom betrug 13 Amp. Die Spulen erzeugten Sekundärströme von 40 Amp., besaßen also ein Übersetzungsverhältnis von etwa 3 : 1 und speisten Glühlampen, Jablochkoff-Kerzen, sogar einen Wechselstrommotor. Zur Regelung der Sekundärspannung der einzelnen Spulen konnte einerseits der Eisenkern mehr oder weniger aus der Spule herausgezogen werden, anderseits war auch ein Windungsschalter vorgesehen.

Schon diese erste Anlage erregte ziemliches Aufsehen in der Fachwelt; auch in der ETZ 1885, S. 225, befindet sich ein Bericht darüber; aus diesem geht übrigens hervor, daß man schon damals die Neuheit der Gaulard- und Gibbsschen Erfindung bezweifelte, unter Hinweis auf die älteren Patente von Jablochkoff, de Meritens und Bright. Noch in demselben Jahre führten Gaulard und Gibbs eine zweite Anlage[1] aus für die Londoner Untergrundbahnen zur Beleuchtung von vier Bahnhöfen, die anscheinend zufriedenstellend arbeitete. Die Länge der Primärleitung betrug hier bereits 23 km; es wurde mit einer Primärspannung von 1500 V gearbeitet. Da also hierbei jede Induktionsspule etwa 300 V primär erhielt, so wird das Übersetzungsverhältnis auch etwa 3:1 betragen haben. Die primäre Stromstärke betrug 10 Amp., die Gesamtleistung also 15 kVA. Die Sekundärgeneratoren waren jedoch für eine Leistung von je 20 kW bemessen; ihre Abmessungen waren 1 ×1,20 m Grundfläche und 1,5 m Höhe.

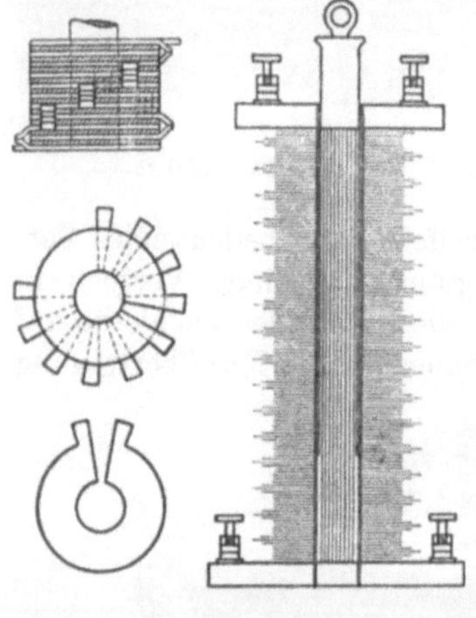

Abb. 17.

In noch größerem Maßstab wurde das System auf der Ausstellung in Turin 1884 vorgeführt, wo eine Fernleitung von 40 km Länge, die nach dem Städtchen Lanzo führte, benutzt wurde[2]. Die Primärleistung betrug 20 kW, die Spannung 2000 V. Es waren drei Sekundärstationen in Reihe geschaltet. Die Induktionsspulen hatten hier eine eigenartige Wicklung, von der viel Aufhebens gemacht wurde; sie bestand aus zwei, nach Art einer zweigängigen Schraube ineinanderlaufenden Spiralen aus Hochkant-Flachkupfer und war durch Zusammenlöten einzelner aufgeschnittener Ringe hergestellt (Abb. 17). Die eine Spirale war die primäre, die andere die sekundäre Wicklung; das Übersetzungsverhältnis war demnach 1 : 1. Diese Wicklung wurde durch das deutsche Patent Nr. 28947 vom Jahre 1884 geschützt. Aus dieser Patentschrift sowie aus Berichten über die Turiner Anlage ist auch zu entnehmen, daß die Spannungsregelung bei diesen Spulen nicht mehr durch Herausziehen der Kerne erfolgte, sondern durch teilweises Einschieben eines den Kern umschließenden Kupferrohres. Der Wirkungs-

[1] Electrical Review Bd. 12, S. 404 u. 422. London 1883 und ETZ 1884, S. 77.
[2] Vgl. ETZ 1884, S. 500.

grad der Spulen wurde von verschiedenen Fachleuten zu 88—89% bei Vollbelastung bestimmt[1]. Die Anlage fand auf der Ausstellung die größte Beachtung und wurde durch Verleihung der Goldenen Medaille und eines Ehrenpreises von 10000 Fr. ausgezeichnet. Im Jahre 1890 wurde in Lanzo eine Gedenktafel für Gaulard zur Erinnerung an diese „erste große Fernübertragung mit Wechselstrom" errichtet[2].

Über den Wert oder Unwert des Gaulard- und Gibbsschen Systems entspann sich bald eine lebhafte Erörterung in der Fachwelt, die sich infolge des mangelhaften Verständnisses der Vorgänge recht kompliziert gestaltete. Vom heutigen Gesichtspunkt aus betrachtet muß man sagen, daß der Hauptnachteil des Systems in der fehlenden Selbstregelung lag, denn beim Ab- und Zuschalten von Lampen traten sicherlich bedeutende Spannungsschwankungen auf, und es mußte dann eine Nachregelung durch mehr oder weniger tiefes Eintauchen des Eisenkerns erfolgen. Ein weiterer Nachteil bestand in der Belastung der Leitungen durch Magnetisierungsstrom. Zwischen diesen beiden Nachteilen mußte ein Kompromiß getroffen werden, denn, wie schon erwähnt, die Selbstregelung mußte um so besser werden, je höher der Magnetisierungsstrom war, und umgekehrt. Überhaupt muß man sich vor Augen halten, daß das System im wesentlichen auf der Eigenschaft der Induktionsspulen, Magnetisierungsstrom aufzunehmen, beruhte und weniger auf ihrer Fähigkeit, die Spannung umzuformen. Es wurden ja auch Spulen mit dem Übersetzungsverhältnis 1 : 1 benutzt, die man kaum als „Transformatoren" bezeichnen kann. Man hätte mit gleichem Erfolg Spulen mit einer Wicklung, also Drosselspulen, verwenden können; die Benutzung von zwei Wicklungen bot dann nur noch den Vorteil, daß die Lampenstromkreise von dem hochgespannten Primärkreis isoliert waren.

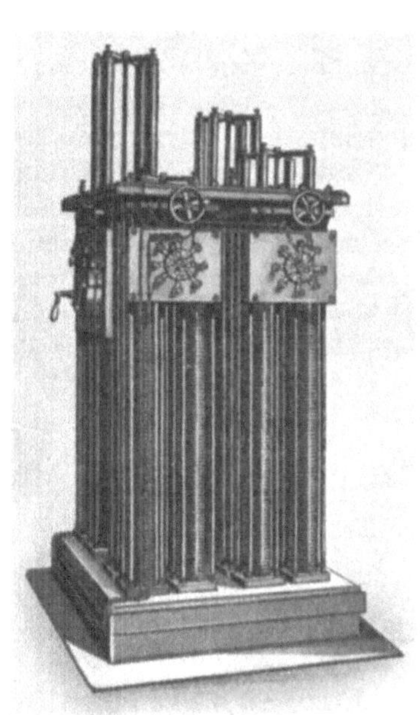
Abb. 18. Sekundär-Generator von Gaulard und Gibbs. Aus „Bulletin de la Société Internationale des Electriciens" Bd. 1, 6. 2. 1884.

Trotz aller Mängel wurde das System Gaulard und Gibbs in mehreren recht bedeutenden Anlagen ausgeführt. So wurde im Jahre 1885 in Tours eine Zentrale von 250 PS mit zwei Siemensschen Wechselstrommaschinen von je 80 kVA gebaut[3]: es waren zwei Stromkreise von je 2 km Länge vorhanden, die mit 1200 V betrieben wurden; jeder Stromkreis sollte beim vollen Ausbau 5 Unterstationen für je 350

[1] Bericht von Hopkinson: Electrical Review 1884, S. 262.
[2] Vgl. ETZ 1890, S. 498. [3] Vgl. ETZ 1886, S. 265.

Lampen enthalten. Die Sekundärspannung betrug 50 V, demnach besaßen die Transformatoren hier ein Übersetzungsverhältnis von 240 : 50. Ferner ist die im August 1886 eröffnete Zentrale in Tivoli bei Rom zu erwähnen[1], die anfangs hauptsächlich zur Straßenbeleuchtung diente; als Betriebskraft waren zwei Wasserturbinen von je 80 PS vorhanden, die Wechselstrommaschinen von Siemens Brothers (London) antrieben. Die Spannung betrug 2500 V, und es war nur ein Stromkreis von 30 km Länge vorhanden, der 320 Glühlampen und 6 Bogenlampen enthielt. Jeder Beleuchtungskörper besaß seinen eigenen Transformator, wobei die Primärwicklungen sämtlicher Transformatoren in Reihe geschaltet waren. (Die Anlage in Tivoli wurde später von der Firma Ganz & Co. nach ihrem System umgebaut und erweitert.) Auch auf deutschem Boden kam im Jahre 1885 eine ziemlich große Anlage von Gaulard und Gibbs zur Ausführung, nämlich im Kaliwerk Aschersleben[2]; die Maschinenleistung betrug hier 200 PS, die Länge des Stromkreises, der z. T. unter Tage verlief, 11 km.

In der Form einer Reihenschaltung von Lampen mit parallel zu den einzelnen Lampen geschalteten Drosselspulen ist dieses so viel erfundene System im Jahre 1895 nochmals aufgetaucht; es wurde von der Firma „Helios“ bei der Beleuchtung des Nord-Ostsee-Kanals verwendet[3]. Der Unterschied zwischen dem Helios-System und dem System Jablochkoff bzw. Gaulard-Gibbs bestand nur darin, daß bei abnehmendem Verbrauchsstrom bei Helios ein Teil des gleichbleibenden Leitungsstromes in die Drosselspule abgezweigt wird, während bei Jablochkoff der entsprechende Teil des Leitungsstromes zur Magnetisierung des Transformators verbraucht wurde.

Eingehend theoretisch behandelt wird die Wirkungsweise dieses Systems von Alexander Rothert in der ETZ 1896, S. 142. Hier bringt Rothert auch die Beschreibung eines Beleuchtungssystems, bei dem an Stelle der Drosselspulen wieder Transformatoren verwendet werden, das also dem 1877 von Jablochkoff erfundenen und 1883 von Gaulard und Gibbs benutzten System grundsätzlich völlig gleicht. Rothert zeigt in seiner Arbeit, daß es durch passende Wahl der Eisensättigung möglich ist, den Primärstrom selbsttätig fast völlig konstant zu erhalten, unabhängig von der Zahl der brennenden Lampen. Dies war natürlich auch das Bestreben von Gaulard und Gibbs, und der Rothertsche Aufsatz hätte ihnen gezeigt, wie dieses Ziel durch zweckmäßige Bemessung ihrer Apparate zu erreichen war. Die Arbeit von Rothert enthält also, freilich ohne Absicht des Verfassers, die Theorie der ältesten, praktisch angewendeten Transformatorenschaltung.

4. Die Parallelschaltung der Transformatoren (1883—1888).

Der erste, der in der Literatur die Mängel des Gaulard- und Gibbsschen Systems deutlich kennzeichnete, war der Engländer Rankin Kennedy; er schrieb im Jahre 1883, kurz nachdem die Beschreibung

[1] Vgl. ETZ 1886, S. 396.
[2] Vgl. ETZ 1886, S. 43.
[3] Vgl. ETZ 1895, S. 378.

der Ausstellungsanlage von Gaulard und Gibbs erschienen war, einen Brief an die „Electrical Review“, London[1], in dem er klar zum Ausdruck brachte, daß bei Ein- oder Ausschaltung von Lampen im Sekundärstromkreis eines der Transformatoren der Primärstrom und damit auch die Sekundärspannung der übrigen Transformatoren beeinflußt werden müsse. Zum Schluß heißt es: „Bei Parallelschaltung der einzelnen Induktionsspulen würden die geschilderten Schwierigkeiten vermieden werden, aber wie stark würde dann die Primärleitung werden müssen?!“ — Dieser Schlußsatz ist in doppelter Hinsicht von Bedeutung: er zeigt erstens, daß Kennedy den Vorteil der Parallelschaltung der Transformatoren deutlich erkannte, ferner aber, daß die Möglichkeit der Anwendung hoher Spannungen damals jedenfalls nicht so selbstverständlich war, wie man heute vielleicht annehmen könnte. Es galt eben damals als Grundsatz: Bei Reihenschaltung dünne Leitungen und gegenseitige Abhängigkeit der Lichtquellen, bei Parallelschaltung dicke Leitungen und Unabhängigkeit. Gaulard und Gibbs wollten Reihenschaltung benutzen und trotzdem eine gewisse Unabhängigkeit der Lichtquellen erreichen; die andere Möglichkeit: dünne Leitungen trotz Parallelschaltung, blieb noch unerörtert. Heute empfinden wir es als selbstverständlich, daß die Leitungsersparnis bei Reihenschaltung der Stromverbraucher eben auf der Anwendung höherer Spannung beruht, und daß man dieselbe Leitungsersparnis auch bei Parallelschaltung der Stromverbraucher erreichen kann, wenn man nur dieselbe hohe Spannung anwendet. Zum Verständnis der Entwicklung muß man sich vor Augen halten, daß diese Erkenntnis anfangs noch nicht vorhanden war. Wir werden aber sehen, daß die Lösung des Fernleitungsproblems durch Anwendung hoher Spannungen anfangs der 80er Jahre gewissermaßen in der Luft lag; mehrere namhafte Fachleute faßten beinahe gleichzeitig den Gedanken, elektrische Ströme mit hoher Spannung fortzuleiten und am Benutzungsort mittels Induktionsspulen auf die Gebrauchsspannung umzuformen; leider ließen die meisten dem Gedanken nicht die Ausführung folgen.

Die ersten, die nachweislich eine Induktionsspule zu dem ausgesprochenen Zweck der Umwandlung von hoher in niedrige Spannung vorgeschlagen haben, waren Deprez und Carpentier in Paris. Sie nahmen im Jahre 1881, also lange vor Gaulard und Gibbs, das englische Patent Nr. 4128. Der wichtigste Patentanspruch lautet in deutscher Übersetzung: „Verfahren, um Ströme beträchtlicher Stärke mit geringen Verlusten auf größere Entfernungen zu übertragen, dadurch gekennzeichnet, daß der starke Strom zunächst durch eine Induktionsspule in hochgespannten Strom umgeformt und dann in der entfernten Station durch eine zweite Induktionsspule wieder in starken Strom zurückverwandelt wird“. Wir haben also schon hier in voller Klarheit eine Hochspannungsübertragung mit Aufwärts- und Abwärtstransformierung. Allerdings sind die Erfinder anscheinend über Laboratoriumsversuche nicht hinausgekommen, man hat von ihrer Idee nichts weiter gehört.

[1] Bd. 12, S. 486.

Am 27. Februar 1883 hielt Wilhelm Siemens einen Vortrag im Elektrotechnischen Verein über „Die Beleuchtung durch Glühlicht“[1]. Er schildert zunächst die Konstruktion und Herstellung der Glühlampen und kommt dann auf die Schwierigkeiten zu sprechen, die bei der Versorgung eines ausgedehnten Gebietes durch parallel geschaltete Glühlampen infolge des hohen Kupferaufwandes entstehen, da die Lampen für höchstens etwa 110 V hergestellt werden können. Den Schluß des Vortrages bilden folgende Worte: „Schließlich möchte ich noch erwähnen, daß die Bestrebungen darauf gerichtet sind, die Kostspieligkeit der Leitungen zu vermindern, welche auch bei den Lampen von hoher Spannung bedeutend sind. Denn man rechnet auf 1 mm^2 Kupferquerschnitt etwa 3 Amp., was drei stärkeren Lampen zu 100 V Spannung entspricht. Die hier zur Anwendung kommende Methode beruht darin, daß man durch die Leitung möglichst hochgespannte Ströme schickt, welche an der Verbrauchsstelle in eine für die Glühlichter geeignete Form verwandelt werden. Zu diesem Zwecke kann man eine vollständige Kraftübertragung einrichten, durch welche die Maschine bewegt wird, welche den Strom für die Lampen liefert. Es kann zweitens der hochgespannte Leitungsstrom mittels eines an der Verbrauchsstelle befindlichen Hilfsapparates, der wenig Kraft verlangt, in einen Strom von geringer Spannung umgeformt werden. Denken Sie sich z. B. einen Grammeschen Ring, aber ohne alle äußeren Magnete, mit dünnem Draht bewickelt, durch welchen der aus der Leitung kommende Strom geschickt wird. Versetzt man durch eine Vorrichtung den Kommutator in gleichmäßige Rotation, so wird der Magnetismus im Ringe rotieren. Wenn sich nun auf dem Ringe noch eine zweite Partie dicken Drahtes befindet, so wird hierin infolge des rotierenden Magnetismus ein kontinuierlicher Strom von geringer Spannung entstehen, der durch einen Kommutator abgeliefert wird, welcher mit dem ersteren zusammen rotiert, aber so, daß die Verbindungslinien der beiden Bürstenpaare senkrecht aufeinander stehen. Drittens kann man durch Anwendung einer Art von Induktionsapparat die Ströme auch automatisch umwandeln. In diesem Falle werden durch die Leitung Wechselströme geschickt. Ich begnüge mich hier mit der Andeutung dieser verschiedenen Methoden, deren Ausbildung für die Glühlichtbeleuchtung von Bedeutung werden kann.“

Wie Wilhelm von Siemens dem Verfasser mitgeteilt hat, waren ihm z. Zt. jenes Vortrages weder die damals in Vorbereitung befindlichen Versuche von Gaulard und Gibbs, noch die älteren Patente bekannt; er sprach vielmehr seine eigenen Gedanken aus; über eine praktische Anwendung dieses Gedankens durch die Firma Siemens & Halske ist indessen nichts bekanntgeworden.

So kam es, daß ungeachtet aller älteren Patente und Veröffentlichungen Gaulard und Gibbs tatsächlich die ersten waren, die Beleuchtungsanlagen mit Transformatoren wirklich ausführten; wenn auch sie selbst

[1] Vgl. ETZ 1883, S. 107.

nicht das Problem zu seiner wirklichen Lösung führten, so haben sie damit doch ihren Nachfolgern die Wege geebnet.

Auf besonders fruchtbaren Boden fiel der Teilerfolg von Gaulard und Gibbs bei den Elektrikern der Firma Ganz & Co.: Zipernowsky, Déri und Blathy (Abb. 19); diese erkannten in voller Schärfe den Hauptnachteil des Gaulardschen Systems, nämlich die Hintereinanderschaltung der einzelnen Spulen. Ihr erstes deutsches Patent (D.R.P. Nr. 33951) datiert vom 18. Februar 1885, sein Hauptanspruch lautet: „Bei Anwendung von Induktionsrollen für Wechselströme eine Anordnung dieser Apparate zur Bildung von Stromverteilungsstationen zweiter Ordnung, nicht wie bisher durch Serienschaltung der Induktionsrollen in dem primären Hauptdraht, sondern durch parallele Abzweigungen der sekundären Erregungsquellen von den zwei Ableitungen des primären Leitungsstranges, zwischen denen eine möglichst konstante Potentialdifferenz erhalten wird, so wie beschrieben und in Abb. 5, 7 und 8 dargestellt.“

Abb. 19. Blathy, Déri und Zipernowsky.

Die wichtigsten Figuren der Dérischen Patentschrift sind in Abb. 20 und 21 dargestellt. Es geht hieraus (und aus der Beschreibung) deutlich hervor, daß Déri auch bereits die Bildung von Unterstationen durch primäre und sekundäre Parallelschaltung von Transformatoren ins Auge gefaßt hatte, daß er aber (nach Schaltung 3) auch die Zulässigkeit der primären Reihenschaltung erkannt hatte, wenn nur durch sekundäre Parallelschaltung der magnetische Gleichgewichtszustand erzwungen wird.

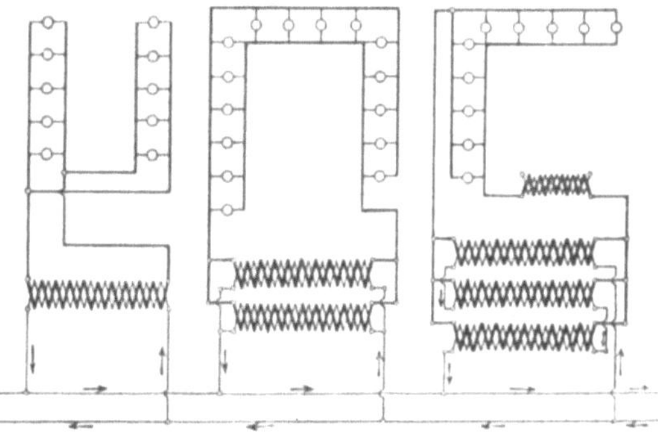

Abb. 20.

Das Dérische Patent wurde bald nach seiner Erteilung von Gaulard und Gibbs angegriffen. Die Nichtigkeitsklage wurde vom deutschen Patentamt am 31. März 1887 zuungunsten von Déri entschieden: Der Anspruch 1 seines Patents wurde gestrichen. Der noch übrigbleibende Anspruch 2 bezog sich auf die Anbringung von Abzweigungen an der Sekundärwicklung, um verschiedene Lampengruppen mit verschiedenen Spannungen zu speisen, und enthielt auch die Spannungsteilung, war aber nur von untergeordneter Bedeutung. Es ist nicht mit Sicherheit festzustellen, welche Gründe bei dieser Entscheidung des Patentamts maßgeblich waren, doch ist anzunehmen, daß der obenerwähnte Brief von Kennedy an die „Electrical Review" eine Rolle dabei gespielt hat. Dazu kam noch, daß auch Edison in seinem amerikanischen Patent Nr. 278418 vom Jahre 1883 bereits ein Verteilungssystem mit hochgespanntem Gleichstrom beschrieben hatte, wobei die „Trans-

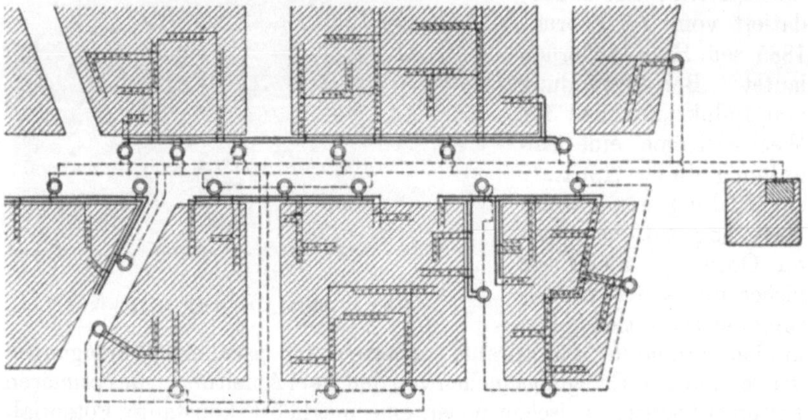

Abb. 21.

formatoren" (Gleichstrom-Gleichstrom-Einankerumformer) in Parallelschaltung an die Hochspannungsleitungen angeschlossen werden sollten. Eine ganz ähnliche Anordnung, sogar mit primärer und sekundärer Parallelschaltung der Umformer, wird auch durch das englische Patent Nr. 6269 vom 10. April 1884 (von W. H. Scott) beschrieben. Die endgültige Entscheidung des Reichsgerichts fiel erst Ende 1889; es blieb bei der Vernichtung des Anspruchs 1. Das Urteil gab wegen seiner eigenartigen Begründung Anlaß zu eingehenden Erörterungen in der Fachpresse[1].

Es muß durchaus anerkannt werden, daß Déri den Gedanken eines Hochspannungsnetzes mit annähernd gleicher und konstanter Spannung an allen Punkten, und der Spannungsumwandlung durch parallel geschaltete Wechselstromtransformatoren vollkommen selbständig und als erster in voller Klarheit erfaßt hat; sein Hauptverdienst liegt aber vor allem darin, daß er gemeinsam mit seinen Mitarbeitern den Gedanken energisch und zielbewußt verfolgt und zur praktischen

[1] Vgl. ETZ 1890, S. 410; 1891, S. 226.

Anwendung gebracht hat. Anderseits war die Nichtigkeitserklärung des Hauptanspruchs seines Patentes nach der Kennedyschen Veröffentlichung wohl gerechtfertigt. Man mag bedauern, daß dem Erfinder die Früchte seiner Erfindung hierdurch beeinträchtigt wurden; der Entwicklung des Transformators und damit der ganzen Elektrotechnik war die Aufhebung dieses Patentes jedenfalls höchst förderlich. Hätte übrigens Déri seinen Patentanspruch auf die primäre und sekundäre Parallelschaltung beschränkt, also auf die Bildung von Unterstationen oder Sekundärnetzen mit mehreren parallel geschalteten Transformatoren, so hätte er m. E. ein wirksames und immer noch recht wertvolles Patent erhalten können.

Nicht unerwähnt mag bleiben, daß in anderen Ländern wie Österreich-Ungarn, Italien, Frankreich das Déri-Blathy-Zipernowsky-Patent durch die Gerichte anerkannt wurde. Zum Beispiel wurden in der obenerwähnten Anlage in Tours, die im Jahre 1885 zunächst nach System Gaulard und Gibbs errichtet wurde, später auch Transformatoren in Parallelschaltung verwendet. Hiergegen strengten Déri-Blathy-Zipernowsky einen Prozeß wegen Patentverletzung an, der in der Berufungsinstanz zu ihren Gunsten entschieden wurde[1].

In der fabrikmäßigen Herstellung von Transformatoren machte die Firma Ganz & Co. schnelle und bedeutende Fortschritte, woran besonders Blathy hervorragenden Anteil hatte. Diese bauten sich aber mehr auf der Anwendung gesunder Konstruktionsprinzipien, als auf grundlegenden neuen Erfindungen auf. Das D.R.P. Nr. 40414 vom 6. März 1885 von Déri, Blathy und Zipernowsky bezieht sich nur auf die Herstellung eines geschlossenen, unterteilten Eisenkreises unter Vermeidung jeglicher Stoßfugen. Transformatoren mit geschlossenem Eisenkreis, aber mit Stoßfugen, waren schon bekannt; abgesehen von der Varleyschen Konstruktion aus dem Jahre 1856 (Abb. 9), hatte auch Hopkinson im Jahre 1884 die in Abb. 22 dargestellte Konstruktion in England patentieren lassen (brit. Pat. Nr. 14233/1884). Déri, Blathy und Zipernowsky stellten zwecks Vermeidung jeglicher Stoßfugen ihre Transformatorenkerne aus einem fortlaufend aufgewickelten Drahtring her; auf diesen Kern wurden dann die Spulen „nach Art eines Grammeschen Ringes" aufgewickelt. Bei einer anderen Bauart bildeten die primären und sekundären Wicklungen selbst den inneren Ring, der dann seinerseits mit Eisendraht umwickelt wurde (Ring- und Mantel-

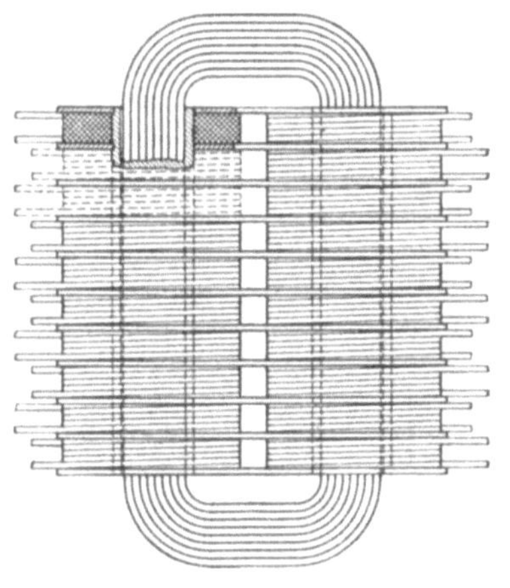
Abb. 22.

[1] Vgl. ETZ 1893, S. 433.

transformatoren). Diese besonderen Ausführungsarten mit fugenlos geschlossenem Eisenkreis aus Eisendrähten oder -blechen bilden den Gegenstand des Patentes, dessen Beschreibung übrigens dadurch bemerkenswert ist, daß in ihr zum ersten Male der Ausdruck „Transformator“ gebraucht wurde. Im übrigen wissen wir heute, daß die Vermeidung von Stoßfugen bei Transformatoren praktisch belanglos ist. Die konstruktive Ausbildung der ersten Transformatoren von Ganz & Co. ist in Abb. 23 und 24 dargestellt. Bereits im Februar 1885 wurde eine Versuchsanlage im Technologischen Gewerbemuseum in Wien vorgeführt, im Sommer des gleichen Jahres war eine große Anlage mit über 1000 Glühlampen auf der Landesausstellung in Budapest zu sehen. In dieser Anlage wurden auch schon Ausgleich- und Meßtransformatoren verwendet.

Der technische und kommerzielle Erfolg der neuen Erfindung war hiermit entschieden, und schon in den unmittelbar folgenden Jahren

Abb. 23. Abb. 24.

wurden zahlreiche und bedeutende Transformatorenanlagen von der Firma Ganz & Co. ausgeführt. Bis Ende des Jahres 1887 wurden 24 Anlagen mit einer Gesamtleistung von etwa 3000 kW fertiggestellt. Als bedeutendste der ersten Anlagen sei das Elektrizitätswerk in Rom erwähnt, das im Jahre 1886 eröffnet wurde und eine Leistungsfähigkeit von etwa 1500 kW besaß.

Auf dem europäischen Kontinent war nach Ganz & Co. die Maschinenfabrik Oerlikon die erste Firma, die sich mit dem Bau von Transformatoren beschäftigte: sie lieferte im Jahre 1889 die Maschinen und Transformatoren für das Elektrizitätswerk Reichenhall[1]. Die dort benutzten Transformatoren sind in Abb. 25 dargestellt.

Das erste große Elektrizitätswerk, das in Deutschland nach dem Wechselstrom-Transformatorensystem zur Ausführung kam, war das Werk der Stadt Köln, das im Jahre 1890 von der Helios A. G., der Lizenzträgerin von Ganz & Co., erbaut wurde. Wir finden in dieser

[1] Vgl. ETZ 1892, S. 351.

Anlage bereits Wechselstrom-Schwungrad-Stromerzeuger mit umlaufenden Feldmagneten (450 kW, $n = 85$, 2500 V, 51 Per); die Stromverbraucher erhielten Einzeltransformatoren für 2000/2 × 36 V, entsprechend der Spannung der Bogenlampen. Es kamen Transformatoren für 1,25—25 kW zur Verwendung, deren Leerlaufverlust 3,3% für die kleinste und 1,2% für die größte Type betrug; der Spannungsabfall (bei induktionsfreier Belastung) war für alle Modelle 2%. Es kamen auch bereits Kleintransformatoren zum Ersatz der Elemente für Klingelanlagen zur Anwendung[1]. Der Transformator für 10 kW ist in Abb. 26 dargestellt.

Abb. 25.

Gaulard und Gibbs bezeichneten Zipernowsky, Déri, Blathy als ihre Nachahmer und Verletzer ihrer Patente; auch in den Spalten der ETZ finden sich interessante Dokumente dieses Kampfes (ETZ 1885, S. 429 und 496). Selbst hervorragende Fachleute scheinen anfangs durchaus auf der Seite von Gaulard und Gibbs gestanden zu haben, wie z. B. aus dem Aufsatz von R. Rühlmann über „Sekundäre Generatoren" (ETZ 1885, S. 249, 290, 386) hervorgeht. Anderseits traten Autoritäten wie Hospitalier (in „Lumière Electrique" 1885—1886 und Ferraris für Déri, Blathy, Zipernowsky ein. Es ist deshalb wichtig,

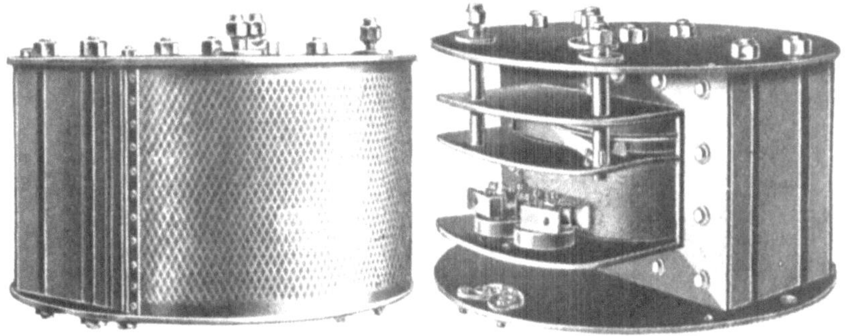

Abb. 26.

nochmals darauf hinzuweisen, daß weder Gaulard und Gibbs, noch Zipernowsky, Déri, Blathy „den Transformator" erfunden haben; beide Parteien arbeiteten mit an sich bekannten Apparaten. Gaulard und Gibbs gebührt das Verdienst, zuerst wirklich betriebsfähige, wenn auch unvollkommene Transformatorenanlagen ausgeführt zu haben.

[1] Vgl. ETZ 1890, S. 433.

Déri, Blathy, Zipernowsky haben die Mängel des Gaulard-Gibbsschen Systems erkannt und ein besseres System nicht nur erfunden, sondern auch energisch weiterentwickelt, das sich in der Zukunft als das einzige praktisch mögliche System zur Energieverteilung auf große Entfernungen bewährt hat.

Abb. 27. S. Z. de Ferranti.

Vom Jahre 1885 ab beschäftigten sich zahlreiche Fachleute und Firmen mit der Konstruktion von Transformatoren. Besonders war dies in England der Fall, wo mit Rücksicht auf die erwähnten älteren Patente und den Kennedyschen Brief weder Gaulard und Gibbs noch Déri, Blathy, Zipernowsky einen wirksamen Patentschutz erhielten. Die Patente von Gaulard und Gibbs wurden im Jahre 1888 infolge einer von Ferranti angestrengten Nichtigkeitsklage auf Grund des Jablochkoffschen Patents von 1877 für ungültig erklärt[1]. Ferranti (Abb. 27) war es auch, der sich

Abb. 28. Ferranti-Transformatoren aufgestellt 1891, im Betrieb photographiert 1921.

[1] Vgl. ETZ 1888, S. 380.

um die praktische Anwendung des Transformators in England die größten Verdienste erwarb. Er hatte im Jahre 1885 die Parallelschaltung der Transformatoren nochmals, zweifellos unabhängig, erfunden; in seinem britischen Patent Nr. 15251/1885 ist sowohl die primäre, als die primäre und sekundäre Parallelschaltung beschrieben, sogar eine Vorrichtung, um bei zunehmender Belastung selbsttätig Transformatoren parallel zu schalten. Im Jahre 1886 wurde auf Betreiben von Ferranti in London die „Grosvenor-Gallery"-Zentrale gebaut, die das Geschäftsviertel von London mit elektrischem Strom versorgte. Sie war mit 2 Wechselstrommaschinen von je etwa 400 kW der bekannten Ferrantischen Bauart ausgerüstet und arbeitete mit 2400 V Betriebsspannung[1]. Jeder Abnehmer erhielt seinen besonderen Transformator mit 100 V Sekundärspannung. Die Hochspannungsleitungen waren (in den Hauptstraßen von London!) oberirdisch verlegt. Die Betriebssicherheit der Grosvenor-Gallery-Anlage scheint allerdings nicht hervorragend gewesen zu sein: nach einem am 20. April 1888 in der Society of Telegraph Engineers, London, gehaltenen Vortrag[2] waren 6 Theater angeschlossen; von diesen besaßen 4 außerdem Gasbeleuchtung und ließen die Gasflammen während der Vorstellung stets kleingestellt brennen; die anderen beiden hatten eigene elektrische Anlagen, die sie wegen des Geräusches stillsetzen mußten, doch hielten sie die Kessel während der Vorstellung stets unter Dampf für den Fall des Versagens von Grosvenor-Gallery. Auch über starke Spannungsschwankungen wurde von den Konsumenten sehr geklagt.

Abb. 29. 10000 Volt-Ferranti-Transformator (um 1890).

Im Jahre 1887 beschäftigten sich in England bereits zahlreiche Firmen mit dem Bau von Transformatoren; es seien außer Gaulard und Gibbs und Ferranti noch Lowrie-Hall, Mordey, Kennedy, Snell

[1] Electrician Bd. 22, S. 10.
[2] Journal of the Soc. of Tel. Eng. Bd. 17, S. 459.

und Kapp erwähnt. Genauere Angaben über die verschiedenen Konstruktionen gibt Kapp in einem am 9. Februar 1888 vor der Society of Telegraph Engineers gehaltenen Vortrag[1]. Dieser Vortrag zeichnet sich durch eine für die damalige Zeit bemerkenswerte Klarheit aus; er ist im Anhang in deutscher Übersetzung abgedruckt.

5. Entwicklung in Amerika.

In Amerika hatte die Firma Westinghouse im Jahre 1885 die Patente von Gaulard und Gibbs und später auch diejenigen von Déri, Blathy und Zipernowsky übernommen. Im März 1886 wurde dann noch das amerikanische Patent Nr. 351589 von Gaulard und Gibbs angemeldet und auf Westinghouse übertragen. Dieses Patent deckt ganz allgemein „die Verteilung von Wechselstrom, wobei dieser am Verwendungsort in Umformungsvorrichtungen geleitet wird, in denen ein ähnlicher Wechselstrom von größerer Stärke und geringerer Spannung erzeugt wird“. Offenbar hätte ein so umfassendes Patent nicht erteilt werden können, wenn das amerikanische Patentamt die älteren europäischen Patente und Publikationen gekannt bzw. berücksichtigt hätte.

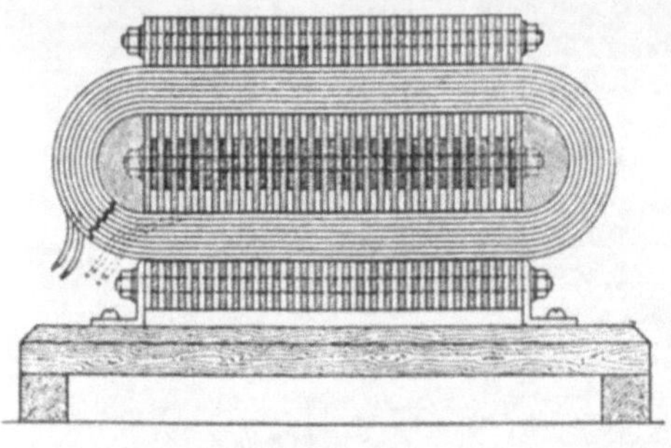

Abb. 30.

Die Firma Westinghouse, besonders ihr Elektriker William Stanley, haben sich um die konstruktive Ausbildung und vor allem um die Einführung des Transformators außerordentliche Verdienste erworben. Im Februar 1886 wurde von Westinghouse ein amerikanisches Patent (Nr. 342553) angemeldet, das bereits einen Manteltransformator beschreibt, der sich von der heute üblichen Bauart kaum wesentlich unterscheidet (Abb. 30). Noch im gleichen Jahre kam dazu eine Reihe konstruktiver Patente, die sich besonders auf Masttransformatoren beziehen, die Ende 1886 von Westinghouse bereits in recht vollkommener Ausführung hergestellt wurden.

Anfang 1887 setzt dann eine kräftige Propaganda von Westinghouse für das Transformatorensystem ein. Bezeichnend hierfür ist ein Inserat, das im Juni 1887 in der amerikanischen „Electrical Review“ erschien (Abb. 31). Es entspann sich bald ein lebhafter Konkurrenzkampf zwischen dem Edisonschen Gleichstromsystem, das in den Händen der General Electric Co. lag, und dem Wechselstrom-Transformatorensystem der Westinghouse Co. Den offensichtlichen Vorteilen des hochgespannten Wechselstromes — leichte und billige Fernleitung — gegenüber führte die Gegenpartei seine angeblich große Lebensgefährlichkeit ins Feld. Wenn man bedenkt, daß ausschließlich, auch in den Straßen

[1] Journal of the Soc. of Tel. Eng. Bd. 17, S. 96.

THE ALTERNATING SYSTEM

INCANDESCENT Electric Lighting from Central Stations made Universal, Economical and Profitable, irrespective of distance.

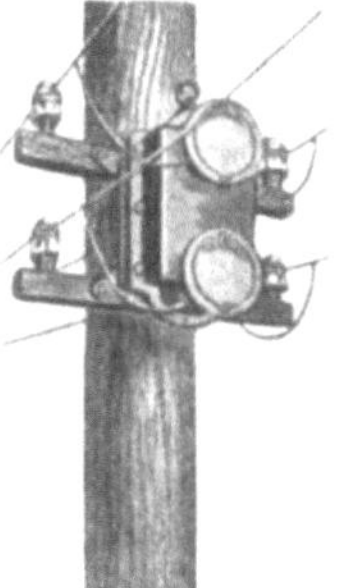

The Westinghouse Electric Co.
PITTSBURGH, PA.
Eastern Office, 17 Cortlandt Street, New York.

The distribution of high tension alternating currents and their reconversion to low tension currents for incandescent lighting and running of motors, is broadly covered by patents owned by this Company.

The unauthorized offer of apparatus of this character by other companies is an infringement of our patent rights.

Notwithstanding the ownership of the exclusive right to furnish this system. THE WESTINGHOUSE ELECTRIC COMPANY proposes to sell its apparatus on such terms and for such low prices, that no intending purchaser or user can afford to entertain a proposition for alternating current apparatus from others at any price, with the attendant risk following the infringement of its rights.

This is the only method of electrical distribution avoiding complicated wiring, feeders, feeder regulators and numerous other details that have prevented commercial success heretofore, and the only system that can displace gas.

This system costs much less than any other to install. It gives more light per horse power or per pound of coal consumed. It requires less copper for mains. There is less risk of fire. It costs less to operate, and the station may be located on inexpensive ground with reference to cheap fuel.

The largest and most complete manufactory of electric lighting machinery in the country.

The most efficient and durable lamps in the market.

Mechanically the most perfect electrical machinery ever produced.

The workmanship and materials of all apparatus supplied are of the best. The prices are based upon production in large quantities by means of special tools and machinery; and the elimination of all extraneous charges, such as commissions stock considerations, and onerous conditions exacted by other companies, and which have placed many of their customers in such a position that improvements offered by others cannot be availed of.

No licensee is bound by contract to purchase longer from THE WESTINGHOUSE ELECTRIC COMPANY than the merits of its apparatus fully justifies.

Ten 50 volt, 16 c. p. lamps, per horse lower, guaranteed.

Abb. 31.

Deutsche Übersetzung:

Das Wechselstrom-System.

Macht Glühlicht-Beleuchtung durch Zentralstationen überall verwendbar, ökonomisch und vorteilhaft, ohne Rücksicht auf die Entfernung.

Westinghouse Electric Co., Pittsburgh.

Die Verteilung von hochgespannten Wechselströmen und ihre Umwandlung in Ströme von niedriger Spannung für Beleuchtung und Motorenbetrieb ist der Firma durch umfassende Patente geschützt.

Angebote anderer Firmen auf solche Apparate verletzen unsere Patentrechte. Die Westinghouse Electric Co. wird trotzdem ihre Apparate zu so niedrigen Preisen verkaufen, daß niemand Veranlassung hat, anderwärts zu kaufen und sich dadurch einer Patentverletzungsklage auszusetzen.

Dieses System ist das einzige, das komplizierte Leitungsanlagen, Regulatoren und andre Dinge vermeidet, die den Erfolg bisher verhindert haben; es ist das einzige System, das Gas ersetzen kann.

Die Einrichtungskosten sind geringer als bei allen anderen Systemen. Es gibt mehr Licht für das Pfund Kohle, braucht weniger Kupfer, verursacht weniger Feuersgefahr, ko t weniger im Betrieb und die Zentrale kann errichtet werden, wo billiger Boden und billige Brennstoffe vorhanden sind.

usw.

der Städte, oberirdische Leitungen verwendet, daß sämtliche Verteilungsleitungen und Hausanschlüsse mit Hochspannung von 1000 oder 2000 V betrieben wurden, und daß besondere Schutzvorkehrungen noch unbekannt waren, so wird man die große Zahl der tödlichen Unfälle allerdings begreiflich finden. Um dem Publikum die Tödlichkeit des Wechselstromes recht eindringlich vor Augen zu führen, wußten die Gleichstrominteressenten die Einführung der elektrischen Hinrichtung durchzusetzen, die im Staate New York im Jahre 1889 erfolgte. Es wurden zu diesem Zweck 3 Wechselstrommaschinen von Westinghouse angeschafft[1]; der Ankauf mußte durch einen Mittelsmann erfolgen, da Westinghouse seine Maschinen zu diesem Zweck nicht hergeben wollte.

Trotz dieser Winkelzüge machte das Wechselstromsystem in Amerika schnelle Fortschritte, was ja bei der großen Ausdehnung und der verhältnismäßig geringen Bevölkerungsdichte der amerikanischen Städte wohl verständlich ist. Nach einer Notiz in der „Electrical Review" vom 19. März 1887 waren damals 6 Transformatorenanlagen mit zusammen etwa 15000 Lampen im Betrieb; nach Ablauf eines Jahres war ihre Zahl bereits auf 68 Anlagen mit zusammen etwa 120000 Lampen gestiegen (Vortrag von Mackenzie vom 9. Februar 1888 in der Institution of Electrical Engineers, London).

In diesem Zusammenhang ist ein Bericht von Interesse, den Prof. Forbes, der gerade von einer Reise nach Amerika zurückgekehrt war, in der Sitzung der Society of Telegraph Engineers, London, am 26. April 1888 erstattete. Er äußerte sich geradezu begeistert über die Fabrikation von Wechselstrommaschinen und Transformatoren bei Westinghouse. Es wurden nur 5 Transformatorentypen für 5, 10, 20, 30 und 40 Lampen hergestellt; wurden in einem Hause mehr als 40 Lampen gebraucht, so wurden mehrere Transformatoren mit getrennten Sekundärkreisen verwendet. Das Übersetzungsverhältnis betrug stets 1000/50 V. Alle Teile waren genormt und wurden auf Spezialmaschinen hergestellt, so daß niedrige Herstellungskosten und leichte Auswechselbarkeit erzielt wurden. Dieses Verfahren erregte bei Forbes die höchste Bewunderung und gleichzeitig Wehmut beim Vergleich mit den in England üblichen Methoden. Forbes untersuchte auch einen Westinghouse-Transformator und fand bei der 30-Lampen-Type (etwa 1,5 kW) 95% Wirkungsgrad bei halber Belastung.

6. Transformator für konstanten Strom (1888—1890).

In amerikanischen Beleuchtungsanlagen, besonders solchen für Straßenbeleuchtung, mußte mit Rücksicht auf die große Ausdehnung der Städte das Hauptgewicht auf Ersparnis an Leitungsmaterial gelegt werden. Beim Gleichstromsystem führte dies mit Notwendigkeit zur Reihenschaltung der Lampen und, wie bekannt, wurden Bogenlichtanlagen gebaut, in denen 100 und mehr Lampen hintereinander geschaltet waren; eine besondere Art von Stromerzeugern, sogenannte „Bogenlichtmaschinen", wurden ausgebildet, die sich dadurch aus-

[1] Electrician Bd. 23, S. 75. London 1889.

zeichneten, daß sie bei nahezu konstant bleibender Stromstärke ihre Klemmenspannung selbsttätig der Zahl der in einem Stromkreis brennenden Lampen anpaßten.

Beim Wechselstromsystem lag die Notwendigkeit der Hintereinanderschaltung zwar nicht vor, wenn man für jede Bogenlampe einen besonderen Transformator benutzte, wie es in den ersten Anlagen von Westinghouse auch der Fall war. Daß Westinghouse schon ganz im Anfang der Entwicklung (1886) sein Hauptaugenmerk auf solche Einzeltransformatoren für Bogenlampen richtete, zeigt deutlich die Wichtigkeit, die gerade diesem Problem in Amerika beigemessen wurde. Immerhin waren die zahlreichen Transformatoren kostspielig, und es zeigte sich bald das Bestreben, an Wechselstromanlagen Stromkreise mit in Reihe geschalteten Bogenlampen anzuschließen. Dies wurde durch den von Elihu Thomson im Jahre 1888 erfundenen Transformator für konstanten Strom ermöglicht. In seiner einfachsten Form war ein solcher Transformator auf der Pariser Weltausstellung 1889 ausgestellt. Eine Beschreibung des Systems findet sich ferner in der „Electrical World" 1889, S. 218. Wie Abb. 32 zeigt, besaß der Transformator räumlich getrennte Primär- und Sekundärspulen und zwischen denselben einen Streupfad. Die an sich sehr starke Streuung wird bei dieser Anordnung durch den Sekundärstrom in hohem Maße beeinflußt; bei zunehmendem Sekundärstrom wird also ein großer Teil der Kraftlinien aus der Sekundärspule in den Streupfad übertreten, so daß die Sekundärspannung stark abfällt. Mittels eines in der Abbildung ebenfalls dargestellten Eisenschiebers konnte die Stärke des Streufeldes geregelt werden.

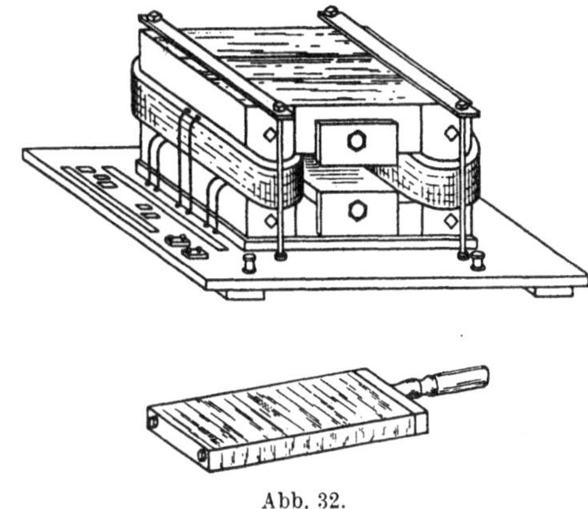

Abb. 32.

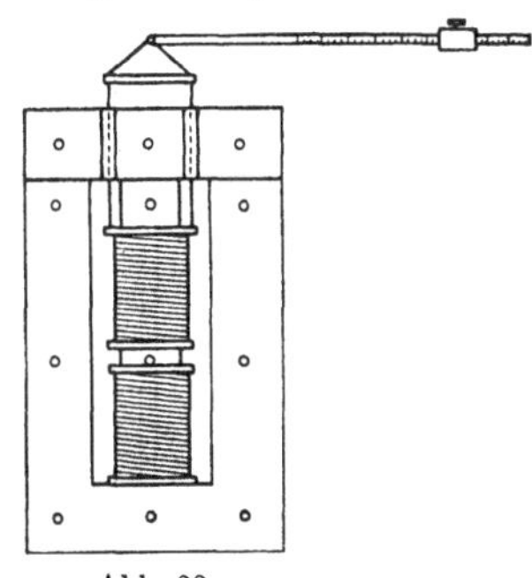

Abb. 33.

Im folgenden Jahre verbesserte Thomson den Apparat bedeutend durch Anwendung des ebenfalls von ihm gefundenen Prinzips der Repulsion. Eine Beschreibung und Abbildung des so verbesserten Transformators findet sich in der „Electrical World" 1891, S. 61. Wie Abb. 33 zeigt, ist die Sekundärspule auf dem vertikalen Kern verschiebbar und ihr Gewicht durch ein an einem Hebel verschiebbares Gegengewicht größtenteils ausbalanciert (der Drehpunkt des Hebels ist in der Zeichnung anscheinend vergessen worden). Nimmt jetzt der Sekundärstrom, z. B.

durch Kurzschließen einer Bogenlampe, etwas zu, so wird die Sekundärspule stärker abgestoßen und bewegt sich aufwärts; hierdurch wird die Streuung vergrößert, und die Sekundärspannung nimmt ab. Das Endresultat ist, daß der Sekundärstrom fast unverändert bleibt, unabhängig von der Zahl der in Reihe geschalteten Lampen. Anlagen dieser Art wurden in Amerika in großer Zahl ausgeführt.

7. Theoretische Erkenntnis (1883—1895).

Als im Jahre 1883 die ersten Induktionsspulen von Gaulard und Gibbs für Beleuchtungszwecke benutzt wurden, waren die grundlegenden Arbeiten von Hopkinson über die Berechnung des magnetischen Kreises bereits bekannt. Noch unbekannt war dagegen die Tatsache, daß bei Wechselstromapparaten die Kraftlinienzahl fast unabhängig ist vom magnetischen Widerstand und nur durch Windungszahl, Spannung und Frequenz gegeben ist. Auch über die Phasenverschiebung des Magnetisierungsstromes herrschten noch sehr unbestimmte Vorstellungen.

Abb. 34. Gisbert Kapp.

Von grundlegender Bedeutung für die Klärung dieser Verhältnisse war ein Aufsatz von Gisbert Kapp (Abb. 34): „Die praktische Behandlung der Induktionsspulen", der im April 1887 zuerst in der Zeitschrift „Industries", deren Redakteur Kapp damals war, erschien[1]; in dieser Arbeit treffen wir zum ersten Male die „klassische" Kappsche Darstellungsweise an: Vereinfachung des Problems durch Vernachlässigung des Unwesentlichen und Lösung in elementarer Weise unter Benutzung des Vektordiagramms.

Kapp entwickelt in dieser Arbeit zum ersten Male die grundlegende Formel

$$E = 2\,z n \Phi \cdot 10^{-8},$$

worin E die Spannung, n die Periodenzahl, z die Windungszahl und Φ den magnetischen Fluß bedeuten. Er erklärt, daß der Ohmsche Verlust in der Primärwicklung bei Berechnung der Feldstärke im allgemeinen zu vernachlässigen ist und zeigt, wie die aus obiger Formel berechnete Feldstärke zur Berechnung des Magnetisierungsstromes benutzt wird. Sodann setzt er diesen mit dem Arbeitsstrom in der heute allgemein üblichen Weise zum resultierenden Strom zusammen.

Noch besser ist diese Berechnungsweise in einem Vortrage zum Ausdruck gebracht, den Kapp vor der Institution of Electrical Engineers (damals noch „Society of Telegraph Engineers and Electricians") am 9. Fe-

[1] S. a. Electrician Bd. 18 v. 15. April 1887. London.

bruar 1888 hielt[1], und der im Anhang der vorliegenden Arbeit in deutscher Übersetzung abgedruckt ist. Kapp gebraucht hier auch zum ersten Male die Bezeichnungen „Kerntransformator" (core-type) und „Manteltransformator" (shell-type) und zeigt in sehr klarer Weise die Vor- und Nachteile dieser beiden Ausführungsarten; er gibt ferner eine Tabelle über die Abhängigkeit der Eisenverluste von der Induktion. Über Streuung und induktiven Spannungsabfall ist jedoch in diesem Vortrag noch nichts enthalten. Ferner wird die in Transformatorenanlagen bestehende Gefahr des Übertritts von Hochspannung auf die Niederspannungsseite besprochen; zum Schutze hiergegen war bereits die Cardewsche Erdungsvorrichtung bekannt, die auf statischer Anziehung eines Aluminiumblättchens beruht, sowie die von Kent angegebene Einrichtung des „Erdschildes", wobei zwischen Hoch- und Niederspannungswicklung eine leitende, mit Erde verbundene Zwischenlage angebracht ist.

Große Schwierigkeiten machte anfangs die Vorausberechnung der Eisenverluste. Ob Gaulard und Gibbs schon 1883 versuchten, ihre Apparate zu berechnen, ist aus der Literatur nicht ersichtlich; wahrscheinlich ist es nicht. Die ersten Berechnungsversuche wurden jedenfalls bei Ganz & Co. im Jahre 1885 gemacht. Man erkannte dort frühzeitig die Bedeutung der Eisenverluste und versuchte, sie vorauszubestimmen; man dachte aber damals nur an Wirbelstromverluste und war unangenehm überrascht, als die wirklichen Verluste mehr als dreimal so hoch waren als die berechneten. Erklärt wurde diese Erscheinung durch die etwa gleichzeitig (1885) erfolgte Entdeckung der Hysterese durch Ewing[2].

Die bis 1891 veröffentlichten Angaben über Eisenverluste beruhen durchweg auf der statischen Hysteresemessung nach Ewing; für die Wirbelströme werden Zuschläge von 25—70% empfohlen. Die ersten Angaben über wirkliche Verlustmessungen an Eisenproben mittels Wattmeters finden sich in einem Vortrag, den Dolivo-Dobrowolsky am 22. März 1892 im Elektrotechnischen Verein hielt[3]. Über den für die Messungen benutzten Apparat berichtete Schmoller am 26. April 1892 im Elektrotechnischen Verein[4]. In Abb. 35 sind die Angaben von Dobrowolsky für 0,5 mm starkes Blech dargestellt und im Vergleich dazu Angaben von Kapp, die dessen Buch über Transformatoren (1895) entnommen sind. Außerdem zeigt die Abbildung die an legiertem Eisenblech (0,3 mm) von Capito und Klein gemessenen Verluste.

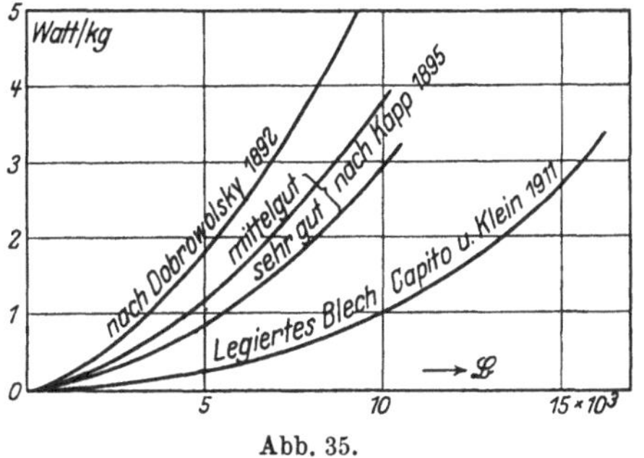

Abb. 35.

[1] Journal of the Soc. of Tel. Eng. and Electricians Bd. 17, S. 96.
[2] Philosophical Transactions 1885.
[3] Vgl. ETZ 1892, S. 222. [4] Vgl. ETZ 1892, S. 406.

In Deutschland wurde die Herstellung von Transformatoren durch die Patentlage verzögert, denn die Entscheidung des Patentamts vom Jahre 1887, die den Hauptanspruch des grundlegenden Dérischen Patents vernichtete, wurde erst im Jahre 1889 durch das Reichsgericht bestätigt. Dementsprechend hatten auch die deutschen Elektrotechniker keine rechte Anregung, an der frühen theoretischen Entwicklung des Transformators teilzunehmen. Als erste in Deutschland veröffentlichte theoretische Arbeit ist ein Aufsatz von Görges in der ETZ 1888, S. 514, zu erwähnen: „Über die Vorgänge im Transformator". In dieser Arbeit wird der erwähnte Kappsche Vortrag zitiert und das von Kapp entwickelte Arbeitsdiagramm noch weiter ausgebaut. Ferner ist eine ausführliche theoretische Arbeit von Steinmetz: „Das Transformatorenproblem in elementar-geometrischer Behandlungsweise" in der ETZ 1890, S. 185, zu finden. In besonders klarer und einfacher Weise sind die für den Entwurf von Transformatoren maßgebenden Gesichtspunkte in dem obenerwähnten Vortrage dargestellt, den Dolivo-Dobrowolsky (Abb. 36) am 22. März 1892 im Elektrotechnischen Verein hielt[1]. Ein Abdruck dieses Vortrags ist im Anhang der vorliegenden Arbeit beigefügt.

Abb. 36. Dolivo-Dobrowolsky.

In allen diesen Arbeiten wird das Hauptgewicht auf die Berechnung des Wirkungsgrades und des Erregerstromes sowie die Zusammensetzung des letzteren mit dem Arbeitsstrom gelegt. Eine Erwähnung der Streuung und des induktiven Spannungsabfalles findet sich zuerst in einer Arbeit von S. Evershed: „Der magnetische Stromkreis der Transformatoren" in der ETZ 1891, S. 206. Ausführlicher wird auf diesen Gegenstand eingegangen in einem Vortrag, den H. F. Weber (Zürich) 1891 auf dem Elektrotechnikerkongreß in Frankfurt a. M. hielt, und in einem Aufsatz von Dr. Behn-Eschenburg in der ETZ 1892, S. 651. Grundlegend für die experimentelle Bestimmung des Spannungsabfalles von Transformatoren war ein Vortrag von Gisbert Kapp, der am 14. März 1895 im Elektrotechnischen Verein gehalten wurde[2]. Dieser Vortrag ist im Anhang ebenfalls abgedruckt.

8. Von der „Transformatorschlacht" in London (1888) bis zur Frankfurter Ausstellung (1891).

Im Jahre 1888 entbrannte unter den Fachleuten ein lebhafter Kampf über die Frage, ob Elektrizitätswerke in Zukunft mit Gleichstrom oder Wechselstrom gebaut werden sollten. Da zugunsten des Gleichstromes

[1] Vgl. ETZ 1892, S. 222. [2] Vgl. ETZ 1895, S. 260.

hauptsächlich die Möglichkeit der Aufspeicherung in Akkumulatoren, zugunsten des Wechselstromes dagegen die Transformierbarkeit angeführt wurde, so ist dieser Streit auch häufig als Kampf zwischen Akkumulator und Transformator bezeichnet worden. Der Kampf setzte ein mit jenem schon erwähnten Vortragsabend in dem Institute of Electrical Engineers, London, am 9. Februar 1888. Nach den Vorträgen von Kapp und Mackenzie entwickelte sich eine sehr lebhafte Diskussion, an der sich die hervorragendsten Fachleute wie Bernstein, Crompton, Evershed, Mordey, Perry, Silvanus P. Thompson beteiligten. Gegen den Wechselstrom wandte sich besonders Crompton, der damals ein neues Gleichstrom-Verteilungssystem entwickelt hatte, das er „Batterie-Transformatorsystem" nannte; es bestand darin, daß in den verschiedenen Stadtteilen Akkumulatorunterstationen errichtet wurden, die lokale Netze speisten und alle in Hintereinanderschaltung von der Zentrale aus geladen wurden. Da der Streit nicht zum Austrag gebracht wurde, so hielt Crompton in der Sitzung am 12. April 1888 einen Vortrag mit dem Titel: „Central-Station Lighting: Transformers v. Accumulators", in dem er sein System schilderte und eine vergleichende Betriebskostenrechnung anstellte. An diesen Vortrag schloß sich wieder eine sehr erregte Diskussion, zu deren Fortsetzung noch drei außerordentliche Sitzungen anberaumt werden mußten. Die Diskussion drehte sich in erster Linie um Kosten, Lebensdauer und Wirkungsgrad der Akkumulatoren, Möglichkeit der Herstellung von Hochspannungskabeln, Möglichkeit des Parallelbetriebes von Wechselstromerzeugern, Wirkungsgrad des Transformators bei geringer Belastung, Aussichten des Wechselstrommotors und Lebensgefahr bei Wechselstrom. Ein Resultat wurde selbstverständlich nicht erzielt, doch hat die Aussprache wesentlich zur Klärung der Verhältnisse beigetragen. Ein Bericht über diese Diskussion findet sich in der ETZ 1888, S. 553 unter dem Titel: „Aus der Transformatorenschlacht in der Society of Telegraph Engineers and Electricians" von A. du Bois-Reymond.

Etwa gleichzeitig, am 29. Mai 1888, hielt Prof. Dr. R. Rühlmann (damals Redakteur der ETZ) im Elektrotechnischen Verein einen Vortrag[1] mit dem Titel: „Einige Gesichtspunkte, die bei der Errichtung von Elektrizitätswerken in Betracht zu ziehen sind". Rühlmann wies u. a. auf den hohen Leerlaufverlust der Transformatoren, die schlechte Lichtausbeute der Wechselstrom-Bogenlampen und den Mangel eines brauchbaren Wechselstrommotors hin und beurteilte die Aussichten des Wechselstromsystems demgemäß recht ungünstig. In der Diskussion äußerte Wilh. v. Siemens seine Meinung dahin, daß der Wechselstrom wohl für ausgedehnte Überlandnetze, aber nicht für große Städte Vorteile böte. In ähnlichem Sinne sprach sich auch Oskar v. Miller aus, wobei er besonders auf die Unmöglichkeit des Motorenbetriebes mit Wechselstrom hinwies.

Die weiteren Veröffentlichungen, die Ende der 80er Jahre größtenteils in England erschienen, drehten sich meist um die Frage der Wirtschaftlichkeit des Transformatorensystems, wobei natürlich die Leerlauf-

[1] Vgl. ETZ 1888, S. 309.

verluste die Hauptrolle spielten. Besonders eindringlich wies Forbes auf diesen Punkt hin in einem Vortrag: „Neue Zentralstationen in Europa", den er Anfang 1889 in der Londoner „Society of Telegraph Engineers" hielt[1]. Er hatte u. a. die von Ganz & Co. in Rom erbaute große Zentrale besichtigt und berichtete, daß diese unter den hohen Leerlaufverlusten der Transformatoren leide. Forbes machte bei dieser Gelegenheit den Vorschlag, Transformatoren mit offenem magnetischen Kreis zu bauen, um durch Verringern der Eisenmenge die Hystereseverluste zu reduzieren.

In der Diskussion zu dem Forbesschen Vortrag äußerte sich Swinburne dahin, daß der letzterwähnte Forbessche Vorschlag verfehlt sei; er habe selbst schon den gleichen Gedanken gehabt, sich aber von seiner Unzweckmäßigkeit überzeugt. Nichtsdestoweniger trat Swinburne noch im gleichen Jahre mit seinem „Igeltransformator" an die Öffentlichkeit in einem Vortrag, den er im September 1889 an der gleichen Stelle hielt[2]. Er wies darin auf die Unwirtschaftlichkeit der seither gebauten Transformatoren hin und zeigte, daß es bei Transformatoren besonders auf hohen Wirkungsgrad bei Teilbelastungen ankomme, also mit anderen Worten: auf den „Jahreswirkungsgrad". Um diesen hochzuhalten, müßten vor allem die Eisenverluste klein sein, während die Kupferverluste von geringerer Bedeutung seien. Dieses Ziel glaubte nun Swinburne am besten durch einen Transformator mit offenem magnetischen Kreis erreichen zu können; sein Transformator (Abb. 37) besaß als Kern ein Drahtbündel, die einzelnen Drähte waren an beiden Enden auseinandergespreizt, um den Übertritt der Kraftlinien in die Luft zu erleichtern. Die beiden Enden des Transformators erhielten hierdurch das Aussehen von Igeln, daher der Name. Um Wirbelströme zu vermeiden, wurden die Transformatoren in Schutzgehäuse aus Steingut eingebaut. Trotzdem ist wohl anzunehmen, daß die Wirbelstromverluste in der Wicklung und sonstigen benachbarten Metallteilen größer waren, als die Eisenverluste bei vollständigem Eisenschluß gewesen wären; auch der hohe Magnetisierungsstrom wäre natürlich für die Elektrizitätswerke sehr lästig gewesen. Der Swinburnesche Igel war deshalb zum baldigen Aussterben verurteilt.

Abb. 37.

Seinen Höhepunkt erreichte der Kampf zwischen Gleichstrom und Wechselstrom, zwischen Akkumulator und Transformator, als im Jahre 1889 die Stadt Frankfurt a. M. die Errichtung eines Elektrizitätswerkes plante. Es wurden zunächst Angebote eingereicht von Siemens & Halske auf ein Gleichstrom-Fünfleitersystem, von Schuckert auf ein Gleichstrom-Dreileitersystem mit starker Akkumulatorenbatterie und von

[1] Journal of the Soc. of Tel. Eng. 1889, S. 191.
[2] Electrician S. 493. London 1889.

Ganz & Co. auf eine Wechselstromanlage mit 2000 V Primärspannung und Einzeltransformatoren, also ohne Sekundärnetz. Die Sachlage wurde noch dadurch kompliziert, daß gerade zu jener Zeit das Druckluftsystem Popp viel von sich reden machte. Die Elektrizität, so predigten die Druckluftapostel, sei zwar recht gut zur Lichterzeugung, aber unbrauchbar zur Kraftverteilung auf größere Entfernungen, denn bei Gleichstrom seien die Verluste zu groß, für Wechselstrom gebe es keinen brauchbaren Motor. Da sei es das einzig richtige, überhaupt keine elektrischen Zentralen zu errichten, sondern Druckluftzentralen; wer dann elektrisches Licht haben wolle, könne es sich ja mittels eines Druckluftmotors leicht erzeugen. In Offenbach, vor den Toren Frankfurts, wurde tatsächlich die erste Druckluftzentrale Deutschlands, die zum Glück auch die einzige geblieben ist, errichtet.

Es ist nicht zu verwundern, daß Miquel, dem damaligen Oberbürgermeister von Frankfurt, bei diesem Kampfe der Systeme die Entscheidung schwer fiel. Es wurde deshalb eine Kommission von Sachverständigen eingesetzt, die aus Ferraris, Lindley, Kittler, Uppenborn und H. F. Weber (Zürich) bestand. Das von dieser Kommission erstattete Gutachten[1] gibt einen ausgezeichneten Überblick über den damaligen Stand der Elektrotechnik, es seien deshalb die wesentlichsten Punkte hier wiedergegeben:

1. Gefahr. Die Gefahr für das Betriebspersonal und die Stromverbraucher läßt sich bei allen Systemen durch geeignete Einrichtungen so weit verringern, daß von diesem Gesichtspunkt aus gegen keins der konkurrierenden Systeme ernstliche Einwände zu erheben sind.

2. Motoren. Die Kommission hat die damals allein zur Verfügung stehenden Wechselstrommotoren von Ganz & Co.[2] in einem eigens errichteten Laboratorium eingehend geprüft; es waren dies Synchronmotoren, deren rotierender Feldmagnet mittels eines Kommutators von wenigen Segmenten durch gleichgerichteten Wechselstrom erregt wurde. Die Kommission stellte diesen Motoren etwa folgendes Zeugnis aus: Wirkungsgrad befriedigend; Anlauf nur unbelastet und mit Nachhilfe von Hand, also ähnlich wie beim Gasmotor; Funkenbildung nur beim Anlaufen beträchtlich; Überlastbarkeit ausreichend. Alles in allem steht der Wechselstrommotor zwar dem Gleichstrommotor nach, doch ist der Unterschied nicht so bedeutend, um die Entscheidung für das Werk, das vorwiegend der Beleuchtung dienen soll, zu beeinflussen.

3. Transformatoren. Der Wirkungsgrad wird zu 95—96 % bei voller, 93—94 % bei halber, 90 % bei $^1/_4$ Belastung angegeben.

4. Bogenlicht. In eigens hergestellten Beobachtungsräumen wurde die mit Gleichstrom- und Wechselstrom-Bogenlampen erzielte Beleuchtungsstärke gemessen. Es wurde festgestellt, daß die Wechselstromlampe bei demselben Arbeitsverbrauch etwa 20 % weniger Licht gibt.

5. Zähler. Die Induktionszähler von Ganz & Co. waren den Gleichstromzählern ebenbürtig

6. Gleichstromtransformatoren. Da auch die Fernübertragung mit hochgespanntem Gleichstrom (600 V) und Umformung in Unter-

[1] Vgl. ETZ 1890, S. 109. [2] Vgl. ETZ 1890, S. 158.

stationen ins Auge gefaßt war, so wurden auch Gleichstromumformer im Gutachten behandelt. Den von W. Lahmeyer empfohlenen Umformern mit zwei Wicklungen auf einem Anker wurde nicht genügende Betriebssicherheit zugetraut; gegen Motorgeneratoren war nichts einzuwenden, ihr Wirkungsgrad bei Vollast wurde zu 82% angegeben. Der Betrieb der neun vorgesehenen Unterstationen ohne dauernde Überwachung wurde für unzulässig erachtet.

7. Akkumulatoren. Auch über Akkumulatoren lagen damals noch keine Betriebserfahrungen in großem Umfange vor, und die fünf Gutachter konnten über diesen Punkt keine einheitliche Meinung bilden; nur Kittler, und in beschränktem Maße auch Uppenborn und Weber traten für den Tudorschen Akkumulator der damaligen Firma Müller & Einbeck ein. Ferraris war gegen Akkumulatoren und Lindley enthielt sich des Urteils.

Zu einer endgültigen Entscheidung über das zu wählende Projekt führte das Gutachten nicht. Die Entscheidung wurde wohl besonders dadurch erschwert, daß damals jede Firma sich auf ein bestimmtes System festgelegt hatte, wobei bezüglich des Wechselstromes die noch nicht endgültige Entscheidung im Transformatoren-Patentprozeß von Bedeutung war. Hierdurch nahm naturgemäß der Konkurrenzkampf recht eigenartige Formen an; er bestand vor allem darin, das System des Gegners nach Möglichkeit schlecht zu machen. Die schwierige Lage, in die auch die Sachverständigen durch diese Verhältnisse gebracht wurden, wird treffend durch einen Brief gekennzeichnet, den Kittler im Jahre 1891 an die ETZ richtete[1]. Er schrieb u. a.:

„Es hat den Anschein, als ob das Amt eines technischen Beraters in elektrotechnischen Angelegenheiten von Jahr zu Jahr ein immer schwierigeres werde.

Liegen die Verhältnisse so, daß man mit gutem Gewissen für den Wechselstrom eintreten kann, so wird man von den sogenannten Gleichstromfirmen als Verräter an der guten Sache gebrandmarkt; begeistert man sich aber einmal für eine Gleichstromzentrale mit Akkumulatorenunterstationen, so wird man von der anderen Seite bekämpft. Wie soll es nun erst werden, wenn der Drehstrom in die Elektrotechnik eingezogen ist?

Wenn alles wahr wäre, was mehrere elektrotechnische Firmen sich im Gebiete der Konkurrenz gegenseitig vorwerfen, so wären alle Städte zu bedauern, die sich mit elektrischen Zentralen versehen haben oder versehen werden."

Die der Stadt Frankfurt bei der Entscheidung über ihr Elektrizitätswerk entstandenen Schwierigkeiten gaben den Anstoß zur Veranstaltung der Internationalen Elektrotechnischen Ausstellung zu Frankfurt a. M. im Jahre 1891, wo allen konkurrierenden Systemen Gelegenheit geboten wurde, ihre Vorzüge im hellsten Licht erstrahlen zu lassen[2]. Hier war es nun, wo ein neues verbessertes Wechselstromsystem, von Dolivo-Dobrowolsky „Drehstrom" genannt, zum ersten Male in größerem Maßstabe in Erscheinung trat.

[1] Vgl. ETZ 1891, S. 656. [2] Vgl. hierzu ETZ 1916, S. 453, 461.

9. Der Drehstrom.

Der Drehstrom beseitigte den hauptsächlichen Mangel des Wechselstromes, nämlich die Schwierigkeit des Motorenbetriebes, und entschied damit endgültig den Kampf zwischen Transformator und Akkumulator zugunsten des Transformators. In Verbindung mit der Ausstellung wurde eine Arbeitsübertragung von etwa 75 kW über die etwa 175 km lange Strecke Lauffen a. N.—Frankfurt a. M. mit Drehstrom von 15000 V erfolgreich durchgeführt, wobei ein Wirkungsgrad von etwa 75% erzielt wurde. Hierbei wurde auch der im Jahre 1890 von Dolivo-Dobrowolsky erfundene Drehstrom-Transformator mit magnetischer Verkettung der Kraftlinienflüsse der drei Phasen verwendet (Abb. 38). Das erste Patent auf den Drehstromtransformator wurde am 8. Januar 1890 in der Schweiz angemeldet (schweiz. Pat. Nr. 1884); sein Anspruch lautet:

„Ein Induktionsapparat oder Transformator, bestehend aus einer Anzahl von Eisenkernen, die zusammen drei oder mehrere geschlossene oder nahezu geschlossene magnetische Systeme bilden, aus primären und sekundären Spulen, welche zu den Kernen in Wechselbeziehung stehen, und aus Stromkreisen, in welche die primären Spulen eingeschaltet sind, und in denen Wechselströme zirkulieren, deren Phasen aufeinander folgen zum Zweck, eine Rotation der Achse des magnetischen Systems herbeizuführen und den Gesamtbetrag an Magnetismus nahezu konstant zu erhalten."

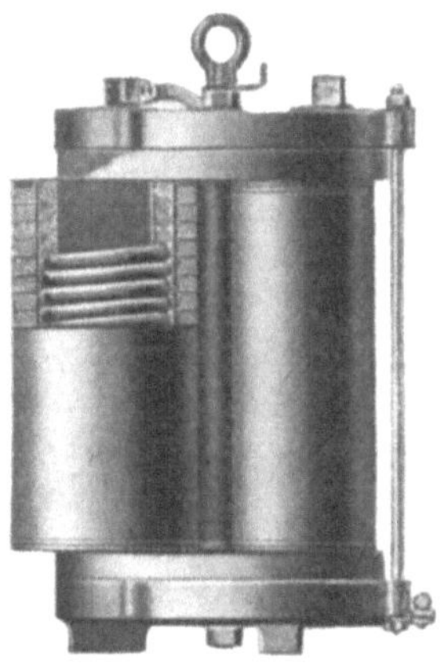

Abb. 38.

Wie die Abbildung zeigt, waren bei den Lauffener Transformatoren die drei Kerne noch in Dreieckform angeordnet; die heute allgemeinübliche Bauart, wobei die drei Kerne in einer Ebene liegen, wurde im Jahre 1891 ebenfalls von Dolivo-Dobrowolsky angegeben.

Gleichzeitig mit dem Drehstromtransformator wurde auch der Öltransformator erfunden, und zwar von C. E. L. Brown, der darüber am 9. Februar 1891 in einer Sitzung der Elektrotechnischen Gesellschaft in Frankfurt a. M. berichtete[1]. Brown hatte zunächst nur die bessere Isolierfähigkeit des Öls und den vollkommenen Abschluß des Transformators gegen die Luftfeuchtigkeit im Auge, an die bessere Wärmeableitung durch die Ölzirkulation scheint er anfangs nicht gedacht zu haben. Dieser Vorteil zeigte sich erst später, gewissermaßen als Nebenprodukt. Die ersten Öltransformatoren waren zwei Transformatoren für 5 kW 30000 V, die von Brown im November 1890 zu Vorversuchen für die Lauffen—Frankfurter Arbeitsübertragung benutzt wurden.

Nach Schluß der Frankfurter Ausstellung wurde die Lauffener Anlage zur Speisung des Elektrizitätswerks Heilbronn verwendet, dem somit

[1] Vgl. ETZ 1891, S. 146.

der Ruhm gebührt, das erste Drehstrom-Elektrizitätswerk der Welt zu sein. Die Übertragungsspannung wurde auf 5000 V verringert; an der Grenze des Heilbronner Stadtgebiets wurde auf 1500 V transformiert und mit dieser Spannung das primäre Kabelnetz gespeist. Die Spannung des sekundären Kabelnetzes betrug 100 V, und es wurden hier zum erstenmal Straßentransformatoren in Anschlagsäulen aufgestellt[1].

Die Entscheidung über das Frankfurter Elektrizitätswerk fiel erst Ende 1893, und zwar wurde überraschenderweise doch Einphasen-Wechselstrom gewählt, trotzdem inzwischen schon günstige Betriebserfahrungen über das Heilbronner Drehstromwerk bekanntgeworden waren[2]. Man überschätzte anfangs die Komplikation des Leitungsnetzes durch die bei Drehstrom notwendigen drei Leitungen und rechnete anderseits mit einer baldigen bedeutenden Verbesserung des Einphasenmotors, eine Hoffnung, die besonders durch Veröffentlichungen[3] von C. E. L. Brown genährt wurde.

10. Neuere Entwicklung.

Nach dem großen und unbestrittenen Erfolge der Lauffen—Frankfurter Arbeitsübertragung wandten sich alle namhaften Firmen dem Bau von Wechselstrom- bzw. Drehstrommaschinen und -transformatoren zu. Wesentliche Hindernisse des freien Wettbewerbs bestanden nicht, da, wie schon erwähnt, das grundlegende Transformatorenpatent von Déri-Blathy-Zipernowsky Ende 1890 gefallen war; auch für das Drehstromsystem wurde ein durchgreifender Patentschutz nicht erzielt. Es entstanden deshalb schon anfangs der 90er Jahre zahlreiche Wechselstrom- und Drehstromanlagen. Als erstes großes Drehstrom-Überlandwerk sei das von Siemens & Halske im Jahre 1893 errichtete Taunus-Elektrizitätswerk in Soden erwähnt, das sieben Ortschaften versorgte und mit 5000 V Primärspannung arbeitete[4].

Hand in Hand mit der zunehmenden Anwendung der Transformatoren ging die Verbesserung ihrer Betriebseigenschaften und die bessere Ausnutzung des Materials. Die widerstrebenden Bedingungen: geringer Eisenverlust und niedriger Spannungsabfall auf der einen Seite und billiger Preis auf der anderen Seite, lassen der Geschicklichkeit des Transformatorenkonstrukteurs trotz der prinzipiellen Einfachheit des Apparates bedeutenden Spielraum. Die Eisenverluste ergaben sich z. B. bei den auf der Frankfurter Ausstellung 1891 vorgenommenen offiziellen Messungen bei den von Mordey, Oerlikon und Schuckert ausgestellten Typen von 3—10 kW zu 2—4%.

In den ersten Jahren dieses Jahrhunderts wurde dann ein weiterer bedeutender Fortschritt gemacht durch die Anwendung der sogenannten „legierten“ Bleche im Transformatorenbau.

Der erste Hinweis auf die Tatsache, daß durch Erhöhung des spezifischen Widerstandes des Eisenbleches der Wirbelstromverlust in elektrischen Maschinen wesentlich verringert werden kann, wurde von Gumlich gegeben. In einem Aufsatz: „Magnetische Untersuchungen

[1] Vgl. ETZ 1893, S. 18.
[2] Vgl. ETZ 1893, S. 409.
[3] Vgl. ETZ 1893, S. 81.
[4] Vgl. ETZ 1893, S. 236.

an neuen Eisensorten" in der ETZ 1901[1] hebt er eine Eisensorte von Krupp besonders hervor (Tabelle 4, Nr. 15), da ihr spezifischer Widerstand etwa dreimal so hoch ist als der von gewöhnlichem Eisen. Gumlich schreibt dazu:

„In ganz ausnahmsweise hohem Maße ist dies bei dem Stab Nr. 15 der Fall, dessen chemische Zusammensetzung der Reichsanstalt nur vertraulich mitgeteilt wurde. Der elektrische Widerstand dieses Materials, welches neben einer außerordentlich hohen Remanenz eine besonders große Maximalpermeabilität, eine ziemlich geringe Koerzitivkraft und Energievergeudung aufweist, also in rein magnetischer Beziehung hohen Anforderungen genügt, beträgt nahezu das Dreifache des durchschnittlichen Widerstandes sämtlicher in Betracht kommenden Stäbe und ebenso der Dynamobleche, für welche an drei verschiedenen Sorten Werte von 0,125—0,144 ermittelt wurden; ja, er übertrifft sogar noch denjenigen des gehärteten Stahls (vgl. 51—54).

Inwieweit die mechanischen Eigenschaften des Materials Nr. 15 eine Verwendung zu Dynamoankern zulassen, muß dahingestellt werden, jedenfalls aber verdient schon die Tatsache allein volle Beachtung, daß die Herstellung von Material möglich ist, welches gleichzeitig einen geringen Verlust durch Hysterese und durch Foucaultströme gewährleistet."

Es war Gumlich damals zweifellos unbekannt, daß zur selben Zeit in England drei Männer mit Versuchen zur Verbesserung von Dynamoblech beschäftigt waren, nämlich Barrett, Professor in Royal College of Science of Ireland, sein Assistent Brown und der Direktor der Hecla-Stahlwerke, Hadfield. Diese gingen rein empirisch vor, indem sie über 100 der verschiedenartigsten Legierungen herstellten; sie fanden, daß die Silizium und Aluminium enthaltenden Eisenlegierungen die geringsten Hysterese- und Wirbelstromverluste ergaben. Sie erstatteten im Jahre 1901 einen ausführlichen Bericht über ihre Arbeiten vor der Institution of Electrical Engineers in London[2].

Nach Bekanntwerden der Arbeiten von Barrett-Brown-Hadfield wies Gumlich in einer weiteren Arbeit[3] auf die Bedeutung des Gegenstandes hin; er veranlaßte ferner die Firma Capito & Klein in Benrath als erstes deutsches Eisenwerk, die Fabrikation legierter Bleche aufzunehmen.

Die Firma Ernst Heinrich Geist in Köln hat zuerst, und zwar im Jahre 1904 Transformatoren, die mit legiertem Blech hergestellt waren, auf den Markt gebracht[4].

Der hierdurch erreichte Fortschritt war in der Tat ein bedeutender; während nämlich die Verlustziffer (Eisenverlust für 1 kg für $B = 10000$ und Frequenz 50) bei den besten gewöhnlichen Eisenblechen von 0,3 mm Stärke etwa 3 betrug, wurde bei legierten Blechen sofort eine Verlust-

---

[1] Vgl. ETZ 1893, S. 236. [2] Vgl. ETZ 1901, S. 691.

[3] Vgl. ETZ 1902, S. 101.

[4] Nachträglich hat mir Herr Blathy mitgeteilt, daß er bereits im Jahre 1900 oder 1901 in einem ungarischen Eisenwerk Blech mit 2—4 % Al-Zusatz (Verlustziffer 2,5) herstellen ließ, das von Ganz & Co. zum Transformatorenbau verwendet wurde. (D. Verf.)

Tafel 1. Einphasen-Trockentransformatoren.

Jahr	Type	Volt	kVA	Gestell	Gewicht kg	kg/kVA	Bemerkungen
1885	Mantel	1350	7,5	Holz	150	20	Kupferdrahtring mit Eisendraht bewickelt (Abb. 24). Verbrannte nach 6—8 monatlichem Betriebe.
1885	Kern	1350	7,5	„	160	22	Eisendrahtring mit Kupferdraht bewickelt (Abb. 23) } Beide Typen verbrannten nach 8—10 jährig. Betriebe. Einige befinden sich aber noch heute im Betriebe.
1886	„	2000—3000	7,5	Eisen	185	25	Eisenbandkern mit Kupferdraht bewickelt }
1888	Mantel	bis 5000	10	Gußeisen	440	44	Ausgestanzte ⊏-förmige Bleche. (Viele Tausende sind noch heute im Betriebe.)
1890	„	„ 5000	10	Schmiedeeisen	340	34	
1898	Kern	„ 6000	10	„	420	28	
1906	„	„ 6000	10	„	160	16	} Die Kerne aus legierten Blechen
1912	„	„ 6000	10	„	140	14	
1913	„	„ 6000	10	„	120	12	

ziffer von 1,8 erreicht. Gegenwärtig werden legierte Bleche mit einer Verlustziffer von 1,1 hergestellt (vgl. Abb. 35). Der Einfluß der legierten Bleche auf den Transformatorenbau bestand natürlich nicht nur in einer Verringerung der Eisenverluste, sondern durch Erhöhung der Eisensättigung wurde es ermöglicht, gleichzeitig auch die Materialausnutzung bedeutend zu verbessern.

Eine gute Darstellung der erzielten Fortschritte gibt die Tafel 1, die von der Firma Ganz & Co., Budapest, aufgestellt wurde. Eine weitere lehrreiche Zusammenstellung ist in Tafel 2 gegeben, die sich auf die Fabrikate einer großen deutschen Firma bezieht.

Tafel 2. Drehstrom-Öltransformatoren. (Leistung 20 kVA.)

Jahr	Aktives Material		Verluste	
	Eisen kg/kVA	Kupfer kg/kVA	Eisen %	Kupfer %
1904	8,15	4,5	1,55	2,12
1906	6,18	3,0	1,18	1,91
1907	5,37	2,5	1,4	2,00
1908	4,53	3,3	1,1	1,8
1911	4,00	2,76	1,0	2,1

Schlußwort.

Die Reihe der grundsätzlichen Erfindungen und Verbesserungen, die zur Entwicklung des Transformators in seiner heutigen Form geführt haben, dürfte mit der Einführung des legierten Eisens zum Abschluß gekommen sein. Parallel mit der erfinderischen Tätigkeit lief und läuft noch die konstruktive Arbeit, auf die in dem vorliegenden Überblick nicht näher eingegangen wurde, und die für den Geschichtschreiber, der sich an bestimmte Namen und Daten halten möchte, schwer zu registrieren ist.

Überblickt man die Fortschritte der letzten Jahre, so tritt neben der erhöhten Materialausnutzung, die vor allem durch verbesserte Kühlmethoden erreicht wurde, die Verbesserung der Betriebssicherheit in den Vordergrund. Als die ersten Transformatoren mit größerer Leistung in Betrieb kamen, wurden die Konstrukteure unangenehm überrascht durch die bei Kurzschlüssen eintretenden mechanischen Beanspruchungen der Wicklung und der Isolierschichten. Eine genügende Abstützung der Wicklungen war nicht ganz einfach, da Metallteile im Bereich der Streufelder vermieden werden müssen. Erst allmählich hat man gelernt, „kurzschlußsichere" Transformatoren für die größten Leistungen zu bauen. Auch die Isolierstoffe wurden allmählich verbessert, worunter auch die Tränkung der Spulen mit Isoliermasse zu rechnen ist, und eine bessere Erkenntnis der an das Öl zu stellenden Anforderungen. Man war dadurch in der Lage, Transformatoren für immer höhere Spannungen zu schaffen, wodurch die ökonomische Verteilung immer größerer Mengen von elektrischer Arbeit und die Überwindung immer größerer Entfernungen ermöglicht wurde. Die beispiellose Entwicklung der Überlandwerke zeigt am besten die Bedeutung des Transformators als Kulturfaktor; denn wenn das Gleichstromsystem für die Stromversorgung der Städte zur Not vielleicht auch ausgereicht hätte, für das flache Land wäre es einfach unmöglich gewesen. So ist denn der Transformator in jenem Kampf zwischen Transformator und Akkumulator, zwischen Wechselstrom und Gleichstrom als unbestrittener Sieger hervorgegangen. Aber die Früchte seines Sieges kommen nicht nur ihm selbst, sondern teilweise auch seinem alten Gegner zugute, denn die beispiellose Entwicklung der ganzen Elektrotechnik, die die Einführung des hochgespannten Drehstromes mit sich brachte, hat auch dem Gleichstrom und dem Akkumulator neue wichtige Anwendungsgebiete geschaffen.

II.

Über Wechselstromtransformatoren unter besonderer Berücksichtigung des besten Verhältnisses zwischen Eisen und Kupfer.

Vortrag, gehalten in der Sitzung der Society of Telegraph-Engineers and Electricians am 9. Februar 1888[1].

Von **Gisbert Kapp.**

(Aus dem Englischen übersetzt von L. Schüler.)

Das Prinzip, auf dem alle Induktionsspulen und somit alle Arten von Wechselstromtransformatoren beruhen, besteht in der Verkettung eines magnetischen Kreises mit einem elektrischen Kreis. In seiner einfachsten Form kann dieses Prinzip dargestellt werden durch zwei ineinander geschlungene Ringe (Abb. 1), wobei der eine den elektrischen Kreis, der andere den magnetischen Kreis darstellt. Alle modernen Transformatoren besitzen einen in sich geschlossenen Kern, um die magnetischen Kraftlinien soweit als möglich zu zwingen, den elektrischen Kreis, der aus einer primären und einer sekundären Spule besteht, zu durchsetzen; aber sie unterscheiden sich voneinander durch die besondere Art, in der die Kreise angeordnet sind, wobei folgende Gesichtspunkte maßgebend sind: Verringerung der Länge der beiden Kreise, Verringerung des Gewichts des aktiven Materials, Ventilation, Leichtigkeit von Herstellung und Reparaturen, gute Isolation und Verringerung der Herstellungskosten. Lassen wir vorläufig diejenigen Gesichtspunkte außer acht, die sich mehr auf die praktische Herstellung beziehen, so können wir ganz allgemein die Transformatoren in zwei Klassen einteilen: Eine, bei der die Kupferspulen außen auf dem Eisenkern angebracht sind, wobei der letztere mehr oder weniger vollständig von ihnen umhüllt wird, und die andere, bei der der Kern sich außerhalb der Kupferspulen befindet, wobei er die Wicklung wie einen Mantel umhüllt. Ich schlage vor, die erste Form „Kerntransformator" und die zweite „Manteltransformator" zu nennen. Ein allgemein bekanntes Beispiel der ersten Art ist der Anker einer gewöhnlichen Gramme-Dynamo (Abb. 2), während die zweite Art durch die von Zipernowski eingeführten Transformatorentypen dargestellt werden kann (Abb. 3). Es ist ohne weiteres klar, daß ganz unabhängig von dem

Abb. 1.

[1] Journal of the Soc. of Tel. Eng. and Electricians. Band 17, S. 96.

Verhältnis zwischen äußerem und innerem Ringdurchmesser beim Gramme-Ring oder Kerntransformator der elektrische Kreis kürzer sein muß als der magnetische Kreis, während beim Zipernowski-Ring oder Manteltransformator das Entgegengesetzte der Fall ist. Als die letztere Type vor einigen Jahren eingeführt wurde, nahm man an, daß sie wegen ihres kurzen magnetischen Kreises eine große Verbesserung gegenüber dem Gramme-Ring bedeute; es wurde angegeben, daß durch den Zipernowskischen „Außenkern" absolute Vollkommenheit erreicht würde, da „jeder Zoll des Kupferdrahts dazu beiträgt, elektromotorische Kräfte hervorzubringen". Ich möchte Ihnen nun heute eine kurze Berechnung vorlegen über die wirklichen Vorzüge des Gramme- und Zipernowski-Rings und über das beste Verhältnis von Kupfer zu Eisen bei beiden Typen; bevor ich aber in diesen Gegenstand eintrete, muß ich einige theoretische Betrachtungen anstellen, um eine Grundlage für meine Berechnung zu gewinnen.

Da die in einem sekundären Stromkreis entwickelte elektromotorische Kraft proportional ist dem Koeffizienten der gegenseitigen Induktion

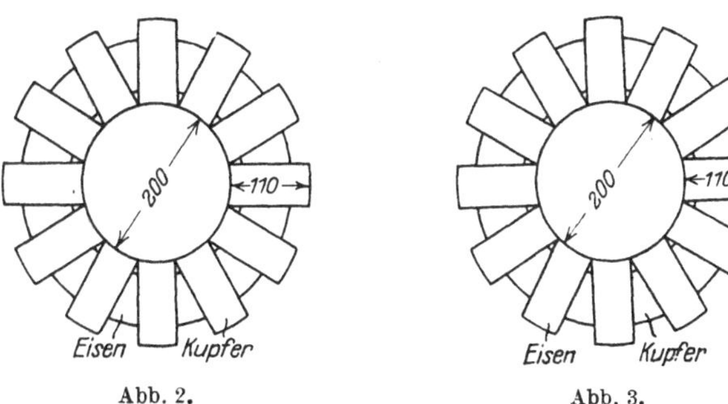

Abb. 2. Abb. 3.

zwischen dem sekundären und dem primären Kreis, und da die Selbstinduktion eine nacheilende Phasenverschiebung hervorbringt und dadurch die Nutzleistung der Apparate verringert, so ist es offenbar vorteilhaft, die Spulen so anzuordnen, daß der Koeffizient der gegenseitigen Induktion ein Maximum erreicht. Nach einem wohlbekannten Gesetz ist das Maximum, das der Koeffizient der gegenseitigen Induktion annehmen kann, gleich der Wurzel aus dem Produkt der Selbstinduktionskoeffizienten der beiden Wicklungen. Die notwendige Bedingung zur Erreichung dieses Maximums besteht darin, daß die gleiche Anzahl Kraftlinien beide Stromkreise durchsetzen. Diese Bedingung kann leicht dadurch erfüllt werden, daß die beiden Stromkreise möglichst nahe aneinander angeordnet werden; sie ist tatsächlich bei allen modernen Transformatoren erfüllt. Wir wollen deshalb annehmen, daß der gesamte magnetische Fluß (F) beide Stromkreise durchsetzt, und daß die in beiden Stromkreisen erzeugten elektromotorischen Kräfte im Verhältnis der Windungszahlen stehen. Wir wollen ferner annehmen, daß die Kurve des benutzten Wechselstroms Sinusform besitzt; ob diese Annahme bei den modernen Wechselstrommaschinen allgemein zutrifft, kann ich nicht sagen; ich glaube aber, daß die Gegenwart eines Transformators im Stromkreis die Tendenz hat, etwaige Abweichungen der Kurve von der Sinusform auszugleichen und fernerhin, daß irgendeine Kurvenform, nachdem sie durch zwei oder drei Transformatoren „durchfiltriert“ ist, als eine Sinuskurve herauskommt. Es würde wertvoll sein, wenn jemand, der die nötigen mathematischen Kenntnisse besitzt, diesen Punkt näher erforschen würde; für unsern gegenwärtigen Zweck ist es aber ausreichend, anzunehmen, daß die von der Maschine gelieferte Kurve annähernd Sinusform besitzt. Diese Annahme hatten auch bisher alle, die sich mit der Erforschung des Transformatorenproblems beschäftigt haben.

Im folgenden mögen bedeuten:

n = die Periodenzahl in der Sekunde,
F = den magnetischen Fluß in CGS-Linien,
B = die Maximalinduktion,
Z = die Windungszahl der Spule (Index 1 und 2 bedeutet primär und sekundär),
E = Maximalwert der EMK in Volt (Index 1 und 2 bedeutet primär und sekundär),
$e = \frac{E}{\sqrt{2}}$ Mittelwert der EMK,
I = Maximalwert des Stromes,
$i = \frac{I}{\sqrt{2}}$ Mittelwert des Stromes,
L = Länge des magnetischen Kreises in Zentimeter,
a = Querschnitt des Kerns in Quadratzentimeter,
$R = \frac{L}{\mu_a}$ magnetischer Widerstand des Kerns,
μ = seine Permeabilität,
r = die elektrischen Widerstände.

Wir erhalten dann die folgenden wohlbekannten Beziehungen:

$$B = \frac{F}{\alpha}; \quad F = \frac{4\,I\,10^{-1}}{R}; \quad E = 2\,nF\,10^{-8}; \quad \frac{E_1}{E_2} = \frac{1}{2}.$$

Nennen wir jetzt e_{t1} und e_{t2} die mittleren primären und sekundären Klemmenspannungen und e_1 und e_2 die mittleren elektromotorischen Kräfte in den Spulen, so ist

$$e_{t1} = e_1 + r_1 i_1; \qquad e_{t2} = e_2 - r_2 i_2.$$

Beim Arbeiten eines Transformators treten nun folgende Erscheinungen auf:

1. Die Welle der primären Klemmenspannung;
2. die Welle der Gegen-EMK in der Primärspule (mit der ersteren nicht genau in Phase);
3. die Welle des Primärstroms (mit keiner der beiden ersteren in Phase);
4. die Welle des magnetischen Feldes (etwas weniger als $^1/_4$ Periode nacheilend hinter der Welle des Primärstroms);

5. die Welle der sekundären EMK (um $^1/_4$ Periode der Welle des magnetischen Feldes nacheilend);

6. die Welle des sekundären Stromes (in Phasenübereinstimmung mit der ersteren (5), wenn der äußere Stromkreis keine Selbstinduktion enthält, wie es bei Glühlampenbetrieb annähernd der Fall ist).

Das Problem besteht nun darin, die Beziehungen zu finden, die zwischen den verschiedenen Wellen in bezug auf ihre Lage und Größe herrschen. Beim ersten Blick erscheint das Problem sehr schwierig, eine algebraische Lösung wäre in der Tat auch äußerst kompliziert; die graphische Behandlung ist jedoch sehr einfach. Da diese Methode bereits vor einiger Zeit veröffentlicht worden ist, brauche ich sie hier nicht eingehend zu demonstrieren; ich werde mich daher auf eine kurze Beschreibung beschränken, wobei ich noch eine Modifikation der ursprünglichen Methode angeben werde, mittels deren auch die für die Kernmagnetisierung aufgewendete Energie berücksichtigt wird. Wie die obige Gleichung zeigt, sind F und E einander proportional. Wenn wir also die primäre Klemmenspannung eines gegebenen Transformators kennen, so kennen wir auch mit großer Annäherung die Induktion und den magnetischen Fluß. Nur der geringe Einfluß des Widerstandes der primären Spule ist hierbei noch zu berücksichtigen; da dieser Ohmsche Spannungsabfall aber aus selbstverständlichen Gründen nur gering sein kann, so kann er von vornherein leicht berücksichtigt werden. Wir können daher F mit vollkommener Genauigkeit bestimmen; an Hand der konstruktiven Daten des Eisenkerns können wir auch die erregende Kraft $(z I)$ berechnen, die erforderlich ist, um diesen magnetischen Fluß hervorzurufen. Es wird sogleich gezeigt werden, daß es unzweckmäßig und unökonomisch ist, Transformatoren mit hoher Induktion zu betreiben; wir können daher die Permeabilität als konstant annehmen. In diesem Falle müssen I und F einander jederzeit proportional sein. Es möge nun in Abb. 4 der Radius des Kreises die maximal erregende Kraft darstellen, wobei wir annehmen, daß diese mit der Magnetisierung zeitlich zusammenfällt, so daß die Projektion des Radius OP auf die Vertikale, wenn er (im Uhrzeigersinn) um O rotiert, die effektive erregende Kraft in Amperewindungen darstellt und gleichzeitig auch den magnetischen Fluß in jedem Augenblick. Die den Sekundärstrom darstellende Linie muß offenbar hinter OP um $^1/_4$ Periode nacheilen und kann berechnet werden aus der Formel für E_2, und dem Widerstand dieses Stromkreises. Dies gibt uns $O\,I_2$, die maximal erregende Kraft, die von der Sekundärspule allein ausgeübt wird. Wenn wir jetzt im Punkt P eine Vertikale auf OP errichten und $PI_1 = OI_2$ machen, so finden wir die Linie $O\,I_1$, die in Größe und Lage die maximale, von der Primärspule allein ausgeübte erregende Kraft darstellt. Hiermit erhalten wir auch den Primärstrom, und wir können nunmehr den in der Primärspule auftretenden Ohmschen Spannungsverlust be-

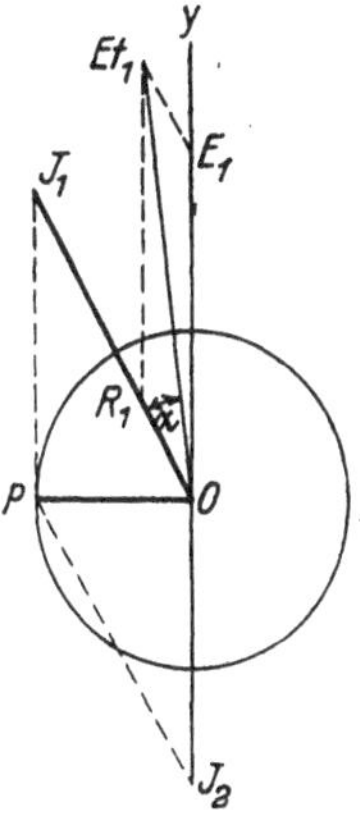

Abb. 4.

rechnen. OR_1 mag diesen in Richtung und Größe darstellen. Die primäre Gegen-EMK muß offenbar der Magnetisierung um $^1/_4$ Periode voreilen, sie muß also durch eine bestimmte Länge auf der Linie OY dargestellt werden. Ihr Wert kann berechnet werden aus der Formel für E_1, sie möge dargestellt werden durch OE_1 in demselben Maßstabe, der für OR_1 benutzt wurde. Nunmehr gibt uns das Parallelogramm $OR_1E_{t1}E_1$ sofort den Punkt E_{t1} und die Linie OE_{t1}, die in Lage und Größe die maximal primäre Klemmenspannung darstellt, α ist der Nacheilungswinkel des Stroms hinter der Klemmenspannung. Die primäre Arbeit wird gefunden durch die wohlbekannte Formel

$$W_1 = \frac{I_1 E_{t1}}{2} \cos\alpha;$$

$$W_1 = i_1 e_{t1} \cos\alpha.$$

Mit anderen Worten, die wirkliche Arbeit ist gleich dem Produkt der scheinbaren Arbeit, wie sie mittels Amperemeter und Voltmeter gemessen wird mit dem Cosinus des Nacheilungswinkels. Wenn der Apparat mit Strom von konstanter und gleichgerichteter EMK gespeist würde, so wären scheinbare und wirkliche Arbeit einander gleich. Das Verhältnis $\frac{1}{\cos\alpha}$ gibt also an, um wieviel größer die Leistungsfähigkeit einer Wechselstromanlage sein muß, um dieselbe wirkliche Arbeit zu leisten wie eine Gleichstromanlage. Ich schlage daher vor, den $\cos\alpha$ „Anlagewirkungsgrad" (plant efficiency) des Transformators zu nennen.

Es wurde oben angegeben, daß Transformatoren mit einer verhältnismäßig niedrigen Induktion arbeiten sollen. Dies scheint auf den ersten Blick ein Rückschritt zu sein, da bei Stromerzeugern durch Anwendung von Induktionen bis zu 20000 und mehr erhebliche Vorteile in bezug auf Wirkungsgrad und Leistungsfähigkeit gewonnen worden sind; ein Blick auf Abb. 4 zeigt aber sofort einen der Gründe, aus denen eine niedrige Induktion vorzuziehen ist. Nehmen wir an, daß die Linie OP die Grenze darstellt, bis zu der die Induktion getrieben werden kann, ohne daß die Permeabilität abnimmt; wenn dann der gleiche Transformator mit doppelter Spannung betrieben wird, so würde die erforderliche erregende Kraft nicht das Doppelte, sondern ein Vielfaches des früheren Wertes betragen. Hierdurch würde der Punkt P sich bedeutend nach links verschieben, ohne daß die Länge der Linie PI_1 hierdurch zunehmen würde. Ferner würde sich die Länge der Linie OI_1 (also der Primärströme) vergrößern und dementsprechend der Energieverlust in der Primärspule, während gleichzeitig auch die Phasenverschiebung zunehmen würde. Ähnliche Resultate würden sich auch ergeben, wenn man den magnetischen Widerstand des Kernes vergrößern oder den Kern vollständig fortlassen würde. Eine der ersten Versuchstypen des von Gaulard & Gibbs gebauten Transformators besaß einen Kern, der teils aus Eisendraht und teils aus Holz bestand, also keinen gut definierten magnetischen Kreis. Da aber die Wicklung aus abwechselnden Lagen primärer und sekundärer Spulen bestand, so bleibt unsere frühere Annahme in bezug auf den Koeffizienten der gegenseitigen Induktion trotzdem gültig; die obigen Formeln und die graphische Methode könnten auch auf diesen Apparat angewendet werden, wenn wir wüßten, welchen Wert der Widerstand des magnetischen Feldes besitzt. Dies wissen wir jedoch nicht, und ich erwähne diese Versuchstype nur deshalb, weil die von Dr. Hopkinson und Prof. Ferraris[1] ausgeführten Versuche gezeigt haben, daß bei dieser in der Tat ein erheblicher Unterschied zwischen der scheinbaren und wirklichen Leistung besteht. Mit anderen Worten, der Punkt P muß weit nach links liegen, entsprechend einer bedeutenden Phasenverschiebung. Bei modernen Transformatoren liegt der Punkt P so nahe an O, daß der Leistungsfaktor[2] Werte bis zu 99% erreicht; für die praktische Bestimmung des Wirkungsgrads können dann die Ablesungen der Meßinstrumente im primären und sekundären Stromkreis benutzt werden, wobei die erforderlichen Korrekturen sich aus dem Diagramm ergeben.

Ein hoher Leistungsfaktor ist jedoch nicht der einzige Grund, aus dem Transformatoren mit niedriger Induktion betrieben werden sollten. Ein weit wichtigerer Grund ist die Erwärmung, die im Eisen des Kerns stattfindet, wenn die Induktion bei der verhältnismäßig hohen Periodenzahl stark gesteigert wird. Diese Erwärmung wird nicht nur durch Wirbelströme verursacht (obgleich diese Ströme bei schlecht konstruierten Kernen dieselbe Wirkung hervorbringen würden), sondern sie ist anscheinend auch auf eine Erscheinung zurückzuführen, die man Energieverlust durch Molekularreibung oder Hysteresis nennen könnte. Die in 1 cm³ Eisen bei jeder Periode vernichtete Energie nimmt nun in höherem Grade zu als die Induktion und scheint selbst bei abnehmender Frequenz zuzunehmen. Es sind bis jetzt sehr wenig Versuche gemacht worden, um die Hysteresis bei verschiedenen Eisensorten zu bestimmen; die wichtigsten bisher hierüber veröffentlichten Angaben sind die von Prof. Ewing und Dr. Hopkinson in The Philosophical Transactions, part. II, 1885. Prof. Ewing unterscheidet zwischen statischer Hysteresis (niedrige Frequenz) und viskoser Hysteresis (hoher Frequenz), aber die experimentellen Angaben beziehen sich nur auf die erstere. Nach Dr. Hopkinson ist die erforderliche Energie, um 1 cm³ ausgeglühtes Schmiedeeisen durch eine volle Periode mit der Induktion 18251 zu bringen, gleich 13356 Erg und für gehärteten Wolframstahl bei der Induktion 14480 gleich 216864 Erg. Prof. Ewing fand, daß bei sehr weichem ausgeglühten Eisen und $\beta = 13190$ der Energieverlust durch Hysteresis 9300 Erg betrug. Er prüfte ferner ausgeglühten Eisendraht bei verhältnismäßig niedriger Frequenz; die Resultate, die für die Konstruktion von Transformatoren von großer Wichtigkeit sind, sind in der umstehenden Tabelle zusammengestellt:

---

[1] „Ricerche Theoriche e Sperimentali sul Generatore Secondario Gaulard e Gibbs.“ Turin: Galileo Ferraris 1885.

[2] Der heutigen Ausdrucksweise entsprechend übersetze ich „plant efficiency“ in folgendem mit „Leistungsfaktor“. D. Übers.

Induktion:	Energieverlust:	Induktion:	Energieverlust:
1,974	410	10,590	5,560
3,830	1,160	11,480	6,160
5,950	2,190	11,960	6,590
7,180	2,940	13,700	8,690
8,790	3,990	15,560	10,040

Diese Zahlen beziehen sich auf statische Hysteresis. In bezug auf viskose Hysteresis sind keine Versuche gemacht worden; aber für den Fall von $B = 8000$ und $n = 80$ schätzt Prof. Ewing den Energieverlust pro Periode auf 5000 Erg oder 32% mehr als nach obigen Angaben für statische Hysteresis. Wenn man die Werte der Tabelle für die Berechnung von Transformatoren benutzen will, scheint es bis auf weiteres ratsam, etwa 30—40% zu den angegebenen Werten zuzuzählen. Wenn z. B. eine Induktion von 18000 benutzt werden soll, würde der Energieverlust sich zu 18000 Erg pro Periode für 1 cm^3 ergeben; bei 80 Perioden pro Sekunde entspricht dies 0,144 Watt für 1 cm^3 Eisenkern. Offenbar würde es außerordentlich schwierig, wenn nicht ganz unmöglich sein, eine genügende Abkühlungsfläche für diesen bedeutenden Energieverlust zu schaffen; aus diesem Grunde ist es notwendig, mit geringerer Induktion zu arbeiten, wobei sich der notwendige Wert aus der jeweils vorhandenen Abkühlungsoberfläche ergibt. Dies ist also der theoretische Grund für die Notwendigkeit niedriger Induktion; in der Praxis, glaube ich, haben die Fabrikanten von Transformatoren schon herausgefunden, daß es nicht zweckmäßig ist, das Eisen magnetisch zu stark zu beanspruchen, wenigstens hat meine eigene Erfahrung dies gelehrt. Beim ersten Transformator, den ich zusammen mit Mr. W. H. Snell konstruierte, und der sich hier auf dem Tisch befindet, arbeiteten wir mit einer Induktion von 20000 und erhielten sehr wenig wünschenswerte Resultate. In erster Linie erhitzte sich der Kern in solchem Grade, daß ein Dauerbetrieb ganz ausgeschlossen war; außerdem gab der Apparat einen höchst unmusikalischen Ton von sich und war schon aus diesem Grunde für praktische Anwendung ungeeignet. Das Geräusch mag teilweise auch auf die Anwendung von Holz für das Gehäuse zurückzuführen sein; aber wir glaubten, daß die hohe Induktion die Hauptursache war, und fanden auch, daß bei Betrieben mit geringerer Spannung entsprechend einer Induktion von 15000 die Übelstände sich verringerten. Wir konstruierten dann einen anderen Transformator, bei dem die Induktion nur 10000 betrug. Dieser Transformator befindet sich ebenfalls hier. In ihm war das Geräusch unterdrückt, aber die Erwärmung betrug immer noch etwa 30° C bei Dauerbetrieb. Deswegen haben wir bei einem späteren Entwurf eine noch niedrigere Induktion angewendet. Obgleich es möglich ist, auf diese Weise den Kernverlust zu verringern, so kann er doch nicht vollständig verhindert werden und muß berücksichtigt werden, wenn die Arbeitsbedingungen des Apparats mit Hilfe des Diagramms bestimmt werden. Für diesen Zweck würde es, genau genommen, nötig sein, außer dem Gesamtbetrag des Energieverlusts pro Periode auch den Momentanwert in jedem Punkt der Periode zu kennen — eine Kenntnis, die wir nicht besitzen. Wir können jedoch mit großer Wahrscheinlichkeit annehmen, daß der Energieverlust durch Hysteresis demselben Gesetz folgt, wie der Energieverlust durch Wirbelstrom, nämlich daß er in jedem Moment der Änderung der Induktion proportional ist. Wenn die Induktion durch O geht, ist demnach der Energieverlust ein Maximum und nimmt allmählich auf O ab, wenn die Induktion sich ihrem positiven oder negativen Maximum nähert. Unter dieser Voraussetzung können wir uns die Hysteresis durch Wirbelstrom ersetzt denken; bei einem völlig hysteresisfreien Eisen könnte also die gleiche Erwärmung durch unvollständige Laminierung erreicht werden oder bei vollkommener Laminierung durch eine in sich geschlossene besondere Wicklung von solchem Widerstand, daß der in ihr auftretende Energieverlust gleich ist dem Hysteresisverlust in gewöhnlichem Eisen. Den gewöhnlichen Transformator, der aus einem gewöhnlichen Eisenkern und einer Primär- und Sekundärspule besteht, ersetzen wir also durch einen imaginären Transformator, bestehend aus einem vollkommen unterteilten und hysteresisfreien Kern, einer Primärspule, einer Sekundärspule und einer dritten in sich geschlossenen Spule von geeignetem Widerstand. Der Strom in dieser dritten Spule wird mit dem in der Sekundärspule in der Phase zusammenfallen, seine erregende Kraft wird sich also zu der der Sekundärspule addieren. Z. B.: das der Hysteresis unterworfene Eisenvolumen eines Transformators beträgt 1000 cm³, der Hysteresisverlust 5000 Erg, dann ist bei 80 Perioden der Gesamtverlust = 40 Watt. Wenn die in der sekundären Spule erzeugte EMK = 100 Volt ist, so wird unsere imaginäre dritte Spule entweder die gleiche Windungszahl wie die Sekundärspule haben und einen Widerstand von 250 Ohm oder z. B. die halbe Windungszahl und einen Widerstand von 62,5 Ohm, oder irgendeine andere Kombination, die denselben Energieverlust ergibt. Der Mittelwert der effektiven erregenden Kraft wäre in allen Fällen der gleiche, nämlich die Windungszahl der Sekundärspule multipliziert mit 0,4 Amp. Es möge nun in Abb. 5 OH den Maximalwert der durch die Hysteresis hervorgebrachten erregenden Kraft darstellen, dann ist die gesamte erregende Kraft, die bestrebt ist, den Kern zu entmagnetisieren, und die in gewissem Maße durch die erregende Kraft der Primärspule aufgehoben werden muß, dargestellt durch die Länge $O\,I_2$ — gleich der Summe von OH und $H\,I_2$, wobei $H\,I_2 = O\,I_2$ in Abb. 4 ist —, der Punkt I_1 wandert höher hinaut im Vergleich zu Abb. 4. Das Gesamtergebnis dieser Änderung ist eine Zunahme der primär zugeführten Energie. Es ist also möglich, den Einfluß der Hysteresis bei der geometrischen Methode zur Darstellung der Arbeitsbedingungen eines Transformators zu berücksichtigen. Ich habe bei dieser Frage etwas ausführlich verweilt, da sie tatsächlich von sehr großer praktischer Wichtigkeit ist. Bei einzelnen Transformatoren ist die im Eisenkern erzeugte Wärme größer als die in den Wicklungen, selbst bei voller Be-

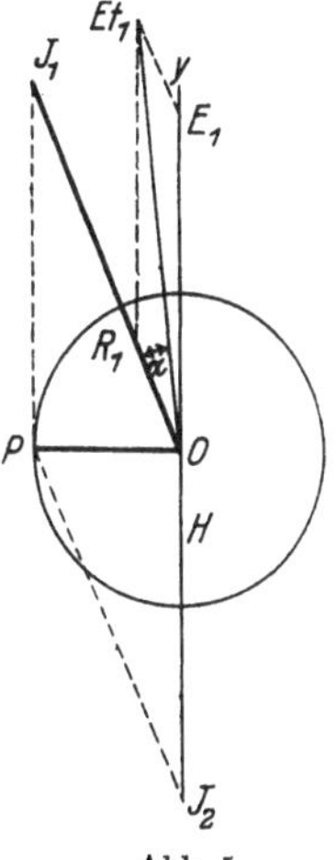

Abb. 5.

lastung. Wo nun Transformatoren hochspannungsseitig parallel geschaltet sind, ist es aus einleuchtenden Sicherheitsgründen nicht ratsam, die Stromverbraucherschalter an der Primärseite bedienen zu lassen; die Transformatoren müssen daher eingeschaltet bleiben, gleichgültig, ob sie sekundär belastet sind oder nicht. Bei ununterbrochenem Betrieb treten die Verluste im Kern also andauernd Tag und Nacht auf. Die Frage der Erwärmung erhält deshalb eine viel größere Bedeutung, als bei Dynamomaschinen, die gewöhnlich nur einige Stunden am Tage betrieben werden.

Auf Grund des Gesagten können wir jetzt auf die relativen Vorzüge des Gramme- und Zipernowski-Rings näher eingehen, insbesondere auf das beste Verhältnis zwischen Kupfer und Eisen bei beiden Typen. Ich wähle zum Vergleich die beiden Originaltypen und je eine Modifikation, da sie gute Beispiele der beiden großen Klassen sind, in die ich am Anfang dieser Arbeit alle Transformatoren eingeteilt habe. Diese „Ringe" sind beide gleich schwierig herzustellen und sind mit schwerwiegenden praktischen Nachteilen behaftet; aber vom rein elektrischen Gesichtspunkte sind sie wohl ebenso gut, wie die Mehrzahl der jetzt auf dem Markte befindlichen Transformatoren. Ihre praktischen Nachteile bilden sogar für meine Zwecke einen gewissen Vorteil, da niemand behaupten wird, daß es sich um seine eigenen Typen handelt; ich entgehe daher der etwas undankbaren Aufgabe, die von konkurrierenden Fabrikanten gebauten Transformatorentypen zu vergleichen. Da es offenbar ganz unmöglich ist, eine Untersuchung dieser Art in ganz allgemeiner Weise anzustellen, war es nötig, Ringe von bestimmten Abmessungen anzunehmen. Ich benutze Ringe von kreisförmigem Querschnitt mit einem inneren Durchmesser von 20 cm und einem äußeren Durchmesser von 42 cm (Abb. 2 und 3). Die mittlere Primärspannung soll 2000 Volt, die Sekundärspannung 100 Volt betragen; die Kupferspulen in Abb. 2 und die Eisendrahtspulen in Abb. 3 mögen sich innen berühren. Da sie ringsherum die gleiche Tiefe besitzen, so entstehen an der Außenseite Zwischenräume zwischen ihnen, in denen die entsprechenden Teile des inneren Ringes freiliegen. In der wirklich fabrizierten Form des Zipernowski-Transformators ist der innere Durchmesser des Ringes etwas kleiner, als in Abb. 3 dargestellt, und die Mantelwicklung bedeckt die ganze Oberfläche der Spulen, wobei sie naturgemäß auf der Außenseite geringere Tiefe besitzt als im Inneren; der magnetische Widerstand ist jedoch in jedem Falle so niedrig, daß der Unterschied zwischen der angenommenen und der wirklichen Anordnung das Ergebnis nicht nennenswert beeinflußt, während die Rechnungen bei der angenommenen Anordnung etwas einfacher werden. Der durch die Isolation ausgefüllte Raum möge im ganzen 1 cm betragen, nämlich 2,5 mm zwischen dem Kern des Gramme-Rings und der Primärspule und 2,5 mm zwischen Primär- und Sekundärspule. Dieselben Abstände gelten auch für den Zipernowski-Ring. Wir können jetzt verschiedene Querschnitte, bzw. Wicklungstiefen für Kern oder Spulen annehmen derart, daß in allen Fällen die Gesamtdicke des Rings 11 cm beträgt entsprechend dem gewählten Außendurchmesser von 42 cm; für jede Kombination können wir dann diejenige Leistungsfähigkeit berechnen, bei der der Apparat im Dauerbetrieb noch mäßig kühl bleibt. Aus den Erfahrungen mit Dynamos schätze ich die Gesamtenergie, die in dem ganzen Ring vernichtet werden kann, ohne ihn zu überhitzen, zu 260 Watt. Ferner rechne ich durchweg mit einer Induktion von 8500, einem Hysteresisverlust hierbei von 5000 Erg und 80 Perioden pro Sekunde. Von einer Darstellung der ganzen Rechnung in dieser Arbeit sehe ich ab und beschränke mich darauf, die erhaltenen Resultate in den Kurven II (Abb. 6 und 7) darzustellen. Die Kurven I geben die Leistung an, die bei Nichtvorhandensein des Hysteresisverlustes erzielt werden könnten, wobei also nur die Ohmschen Verluste in den Spulen berücksichtigt sind. Die Wicklungstiefe der Kupferwicklung (Abb. 6) und diejenige des Eisenmantels (Abb. 7) ist auf der Horizontalen aufgetragen, die Leistung auf der Vertikalen. Wie Abb. 6 zeigt, beträgt das Maximum der Leistungsfähigkeit beim Gramme-Ring 6400 Watt mit einer Wicklungstiefe der Spulen von ungefähr 1,7 cm, wobei also 6,6 cm für den Querschnittsdurchmesser des Kerns übrigbleiben. Der Querschnitt des magnetischen Kreises beträgt in diesem Falle ungefähr 80% des Querschnitts des elektrischen Kreises, das Volumen des Eisens ist ungefähr gleich dem des Kupfers. Die Maximalleistung des Zipernowskischen Rings (Abb. 7) beträgt 6100 Watt bei einem Eisenmantel von 2 cm Dicke, wobei also der Querschnittsdurchmesser der Spule 6 cm beträgt. Der Querschnitt des magnetischen Kreises ist in diesem Falle annähernd achtmal so groß als der des elektrischen Kreises; das Volumen des Eisens ist um ein Viertel größer als das des Kupfers. Wir sehen also, daß bei gleichem äußeren Durchmesser der Zipernowski-Ring eine etwas niedrigere Leistung gibt als der Gramme-Ring, jedoch ist hierbei das Kupfergewicht ebenfalls etwas kleiner. Ich habe dieselben Rechnungen durchgeführt für längliche Ringe, wie in Abb. 8 dargestellt. Man kann sich diese Form so entstanden vorstellen, daß ein Gramme-Ring in

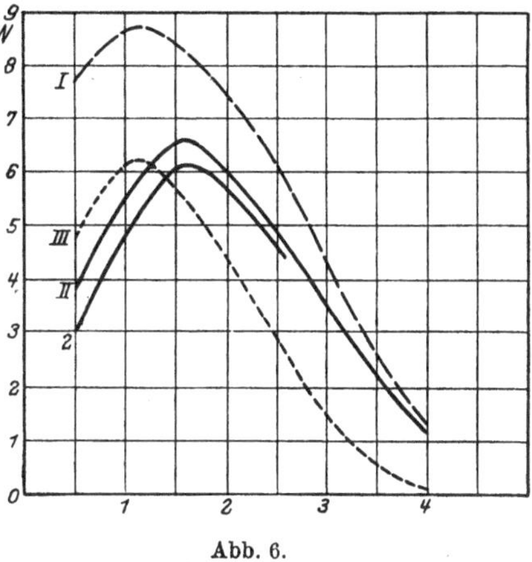

Abb. 6.

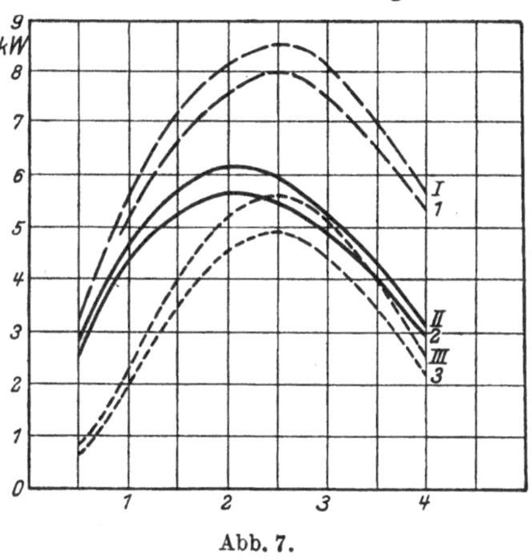

Abb. 7.

2 Hälften geschnitten, diese gerade gestreckt und nebeneinander gelegt werden, und daß ferner die beiden so erhaltenen Kerne durch halbkreisförmige Verbindungsstücke an den Enden verbunden werden. Die Kupferspulen bleiben bei diesem Vorgehen unverändert, aber die Länge des magnetischen Kreises und das Volumen des Kerneisens wird vergrößert. Infolgedessen wird mehr Energie für Hysteresis verbraucht und die Leistung dementsprechend verringert. In Abb. 6 beziehen sich die Kurven II auf die Leistung des länglichen Gramme-Rings. Wählen wir dieselbe längliche Form für den Zipernowski-Ring, so bleibt die Masse des Eisenmantels unverändert, aber der elektrische Kreis wird verringert und der Energieverlust in den Spulen entsprechend vergrößert. Die entsprechende Kurve II (Abb. 7) muß also ebenfalls unterhalb derjenigen der kreisförmigen Type liegen. Die Kurve I in Abb. 7 zeigt die Leistung der länglichen Type ohne Rücksicht auf Hysteresis. In Abb. 6 muß diese offenbar mit Kurve I zusammenfallen. Die maximale Leistung der länglichen Type beträgt demnach für den Gramme-Ring etwas über 6000 Watt, für den Zipernowski-Ring 5800 Watt.

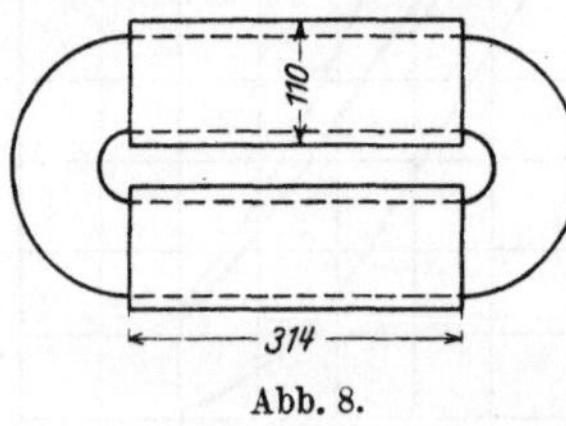

Abb. 8.

Bisher haben wir uns darauf beschränkt, die durch die Erwärmung des Transformators gegebene Begrenzung der Leistungsfähigkeit zu betrachten. Es gibt jedoch noch einen anderen, ebenso wichtigen Gesichtspunkt, durch den die Höchstleistung eines Transformators begrenzt wird, nämlich der Spannungsabfall. Es ist selbstverständlich, daß bei einem Transformator, der mit konstanter Primärspannung gespeist wird, die Induktion dann ein Maximum erreicht, wenn der sekundäre Stromkreis offen ist; in diesem Falle ist die Gegen-EMK der primären Spule nahezu gleich der Klemmenspannung. Bei voller Belastung dagegen unterscheiden sich die beiden Werte entsprechend dem Ohmschen Verlust; die Induktion wird im gleichen Verhältnis niedriger. Die in der Sekundärspule induzierte EMK ist proportional der Induktion, wir müssen den Verlust durch Ohmschen Widerstand von ihr abziehen, um die sekundäre Klemmenspannung zu erhalten. Zum Beispiel wenn der Widerstandsverlust in der Sekundärspule 1 % beträgt, und in der Primärspule ebenfalls 1 %, so wird der Unterschied der Sekundärspannung zwischen Leerlauf und Vollast = 2 % sein. Für eine gute Beleuchtung mag dies als Grenze des Zulässigen angesehen werden, ich habe deshalb auf dieser Basis die Leistungsfähigkeit der 4 oben beschriebenen Transformatoren berechnet. Kurve III in Abb. 6 gibt das Resultat für den kreisförmigen und den länglichen Gramme-Ring. Man sieht, daß bei einem verhältnismäßig dicken Kern die Leistungsgrenze mit Rücksicht auf Erwärmung früher erreicht ist, als die durch den Spannungsabfall gegebene Grenze, während bei dünnen Kernen das Gegenteil der Fall ist. Das beste Verhältnis von Eisen zu Kupfer ergibt sich im Schnittpunkt der Kurve III un II für den kreisförmigen und von III und 2 für den länglichen Transformator. Im letzteren Fall würde der Kern 7,2 cm

Durchmesser haben, die Wicklung wäre 1,4 cm hoch. Die Leistung beträgt 5900 Watt. Beim Zipernowski-Ring gibt Kurve III die durch den Spannungsabfall begrenzte Leistungsfähigkeit bei der kreisförmigen und Kurve 3 bei der länglichen Type. Die Kurven zeigen also, daß die Leistungsgrenze mit Rücksicht auf Spannungsabfall in allen Fällen früher erreicht wird, als mit Rücksicht auf Erwärmung. Für den länglichen Transformator ist die Höchstleistung etwas unter 5000 Watt; das beste Verhältnis von Eisen zu Kupfer wird durch die Abszissen im höchsten Punkt der Kurve 3 angegeben. Der äußere Mantel würde hierbei 2,4 cm dick sein, der Querschnittsdurchmesser der Spule wäre = 5,2 cm. Es hat demnach den Anschein, daß die kreisförmige und lange Type des Gramme-Rings (Abb. 2 und 8) eine größere Leistung abgeben kann als ein Zipernowski-Ring von denselben Außendimensionen; der letztere ist deshalb dem Gramme-Ring keineswegs überlegen, wie vielfach angenommen wird, sondern eher etwas ungünstiger.

Man könnte mir vielleicht den Vorwurf machen, daß ich andere Abmessungen gewählt habe als die in Wirklichkeit bei kreisförmigen Manteltransformatoren angewendeten, die in der Regel einen viel dickeren Ring von geringerem Durchmesser besitzen. Hierbei ist ein größerer Teil des inneren Raums durch den Mantel ausgefüllt, die Öffnung ist daher viel kleiner, als bei Abb. 3. Der den Mantel bildende Eisendraht ist nicht in regelmäßigen Lagen aufgewickelt, sondern die Windungen kreuzen einander mehr oder weniger unregelmäßig. Gegen eine solche Wicklungsart ist vom elektrischen Standpunkt aus nichts einzuwenden, da vollkommene Isolation zwischen den einzelnen Drähten von geringer Bedeutung ist. Beim Gramme-Ring würde diese Wicklungsart jedoch vollkommen unzulässig sein; aus diesem Grunde habe ich einen etwas größeren inneren Durchmesser der Ringe gewählt, der Raum genug gibt für regelmäßig gewickelte Spulen. Aber selbst, wenn die Ringe viel dicker wären, würden sich die berechneten Verhältnisse in bezug auf die Leistungsfähigkeit nicht viel ändern. Wenn wir uns den Ring in Abb. 3 so zusammengezogen denken, daß die innere Öffnung sich auf 10 cm und der äußere Durchmesser auf 32 cm verringert, so würden wir ungefähr die Verhältnisse eines wirklichen Zipernowski-Transformators erhalten.

Zur Vereinfachung der Rechnung habe ich angenommen, daß ein Ring mit diesen Abmessungen in die längliche Type, wie in Abb. 8 dargestellt, verwandelt wird, aber mit dem Unterschied, daß die äußere Wicklung (Spulen oder Mantel) auf jedem Schenkel nur 15,7 cm lang ist statt 31,4 cm; der Durchmesser bleibt 11 cm wie vorher. Berechnet man jetzt die Leistungsfähigkeit in derselben Weise wie zuvor, so findet man für den Kerntransformator, daß die durch Erwärmung gegebene Höchstleistung 3230 Watt beträgt und erreicht wird, wenn die Kupferwicklung 2 cm hoch ist. Die durch den Spannungsabfall gegebene Höchstleistung beträgt 3020 Watt und entspricht einer Wicklungshöhe von 1 cm. Die beiden Kurven kreuzen sich (Abb. 6) und die Ordinate des Kreuzungspunktes entspricht einer mit Rücksicht auf Erwärmung und Spannungsabfall gegebenen Höchstleistung von 2950 Watt bei der

Wicklungshöhe von 1,3 cm. Beim Manteltransformator ist die Leistungsgrenze für Erwärmung gleich 3030 Watt bei einer Manteldicke von 2 cm und die Leistungsgrenze für Spannungsabfall 1650 Watt bei 2,2 cm Manteldicke. Diese Zahlen lehren, daß auch bei dicken Ringen, also bei Verhältnissen, die dem wirklich ausgeführten Zipernowski-Transformator entsprechen, die Kerntype besser ist als die Manteltype.

Dieses Ergebnis bezieht sich jedoch nur auf Transformatoren, die einen Kern, bzw. eine Spule von kreisförmigem Querschnitt besitzen; es entsteht die Frage, ob durch eine Abweichung von dieser Form der Manteltransformator verbessert werden kann. Jede Abweichung vom kreisförmigen Querschnitt der Spule muß die Länge des magnetischen Kreises vergrößern und insofern schädlich sein. Aber, wenn wir gleichzeitig die Länge der Kupferspulen verringern können, so kann dieser Nachteil mehr als aufgehoben werden durch die Verringerung des elektrischen Widerstands der Spulen. Tatsächlich ist der magnetische Widerstand des Mantels so niedrig, daß selbst eine beträchtliche Vergrößerung der Länge des magnetischen Kreises die Phasenverschiebung zwischen Primär- und Sekundärstrom nicht wesentlich vergrößert. Wir können daher eine beliebige Form des Mantels anwenden, die es gestattet, die Länge der Spulen zu verringern. Hiervon wird in den meisten modernen Transformatoren Gebrauch gemacht. Der Mantel erhält rechteckige Form, wobei die kurze Seite des Rechtecks der Windungsebene der Spulen parallel liegt; auf diese Weise wird der mittlere Durchmesser der Spulen verringert. Fernerhin ist die kreisförmige Form der Spulen bei mehreren neueren Transformatorentypen verlassen worden, derart, daß der Mantel das Innere der Spulen mehr oder weniger vollständig ausfüllt.

Bei der jetzt allgemeinüblichen Form von Kerntransformatoren bedecken die Spulen nicht die ganze Länge des Kernes, sondern sie sind in zwei Abteilungen angeordnet, je auf einem Schenkel des Kerns. Jeder dieser Spulensätze enthält eine primäre und eines sekundäre Spule, die übereinander oder zwischeneinander angeordnet sind, um vollkommene Symmetrie zu erhalten. Würde man dies nicht tun, sondern z. B. die primäre Spule auf einen Schenkel und die sekundäre auf den andern legen, so würden sich an dem Ende des Kerns magnetische Pole bilden, und die Leistungsfähigkeit würde sich verringern. In ähnlicher Weise werden auch bei Manteltransformatoren die Spulen über- oder zwischeneinander angeordnet, aber gewöhnlich ist nur ein Spulensatz und ein doppelter Kern vorhanden. Die unterscheidenden Merkmale der beiden Typen sind daher folgende:

Kerntransformator: ein Kern und zwei Satz Spulen;

Manteltransformator: zwei Kerne und ein Satz Spulen.

Die hauptsächlichsten Fabrikanten der beiden Typen sind:

Kerntransformatoren: Gaulard & Gibbs, Lowrie-Hall;

Manteltransformatoren: Zipernowski, Ferranti, Mordey, Wright, Kennedy, Statter, Westinghouse, Snell und Kapp, Gaulard & Gibbs.

Da die meisten dieser Transformatoren hier ausgestellt sind, brauche ich sie nicht weiter zu beschreiben. Die ursprüngliche Ausführungsform des Gaulard & Gibbs-Transformators besaß einen offenen magnetischen Kreis und Kerne, die mehr oder weniger tief in die Spulen eingetaucht werden konnten, um die Sekundärspannung zu regeln — eine Vorkehrung, die offenbar nötig war, wenn die Transformatoren in Reihen geschaltet wurden. Bei den im Jahre 1883 auf der Ausstellung im Aquarium gezeigten Apparaten waren vier getrennte Induktionsspulen vorhanden; die im Jahre 1884 für die Beleuchtung der Metropolitanbahn benutzten besaßen 16 getrennte Induktionsspulen; die Stromkreise bestanden aus einem kombinierten Kabel, das aus einem mittleren Primärdraht und 6 kreisförmig um diesen angeordneten Sekundärdrähten bestand. Im Jahre 1885 wurde eine Type mit geschlossenem magnetischen Kreis eingeführt, die im wesentlichen identisch war mit der in Abb. 8 dargestellten, jedoch mit einem größeren Zwischenraum zwischen den Schenkeln. Im gleichen Jahre führten Gaulard & Gibbs in ihrer Tivolianlage kleine Manteltransformatoren ein, wobei jeder Transformator eine fünfzigkerzige Lampe speiste. Die beiden Stromkreise waren ebenfalls durch ein kombiniertes Kabel nach Art des oben beschriebenen gebildet; dieses wurde zu einer Spule aufgewickelt, durch die Spule wurde ein Bündel von Eisendrähten gesteckt und die vorstehenden Enden derselben außen um die Spule herumgebogen, um einen geschlossenen magnetischen Kreis zu schaffen. Bei der neuesten Type von Gaulard & Gibbs sind die Spulen kreisförmig gewickelt und besitzen rechteckigen Querschnitt; sie sind umgeben von Gruppen von U-förmig gestanzten Eisenblechen, die abwechselnd von beiden Seiten der Spulen eingeführt werden und durch kreisförmige Gußeisenplatten zusammengepreßt werden. Die Primärwicklung besteht aus 2 Spulen, zwischen denen sich die Sekundärwicklung befindet. Der Lowrie-Hall-Transformator hat zwei primäre und sekundäre Spulensätze, die horizontal übereinanderliegen. Der Kern besteht aus dünnen breiten Eisenblechen, die voneinander durch lackierten Kaliko isoliert werden; die überstehenden Enden dieser Bleche werden abwechselnd nach beiden Seiten herumgebogen, um den magnetischen Kreis zu schließen. Das Ganze wird durch einen horizontalen Gußeisenrahmen zusammengepreßt. Der Ferranti-Transformator ist in seiner mechanischen Anordnung ähnlich, nur daß er als zur Manteltype gehörig einen Spulensatz von rechteckigem Querschnitt besitzt. Mr. Rankin Kennedy hat verschiedene Transformatoren der Manteltype entworfen. Für die allgemeine Stromverteilung schlägt er vor, im Elektrizitätswerk einen Haupttransformator zu benutzen, durch den der von den Niederspannungsmaschinen gelieferte Strom in Hochspannungsstrom umgeformt und in die Hauptspeiseleitungen gesandt wird. Der Mantel dieses Transformators besteht aus mäßig breiten, aber sehr dünnen Streifen, die durch Bolzen an den Ecken zusammengepreßt werden; aus derartigen Paketen wird ein rechteckiger Rahmen mit zwei tiefen Öffnungen aufgebaut, in die die Spulen eingebettet sind. Bei einer anderen Type von Kennedy besteht das Eisen aus H-förmig gestanzten Blechen, wobei der mittlere Steg den Kern bildet. Die Spulen werden über diesen Kern gewickelt. Um den magnetischen Kreis zu schließen, werden mehrere derartige Glieder aufeinandergesetzt. Bei einer weiteren Ausführungsform benutzt Kennedy einen Siemens-Doppel-T-Anker, der nach Aufbringung der Spule mit einem Mantel von Eisendraht umwickelt wird. Wrights Transformator kann bezeichnet werden als ein Zipernowski-Ring mit Spulen von rechteckiger Querschnittsform und einem Mantel aus rechteckigem Eisenrahmen an Stelle der ursprünglichen Drahtwicklung. Jedes Blech ist an einer Ecke durchgeschnitten, um es über die Spule bringen zu können; da die Bleche sich im Innern berühren, außen dagegen strahlenförmig auseinanderstehen, so bildet das Ganze eine Art Heizkörper, der die Wärme sehr gut ausstrahlt. In Mordeys Transformator besteht der Mantel aus dünnen rechteckigen Eisenblechen mit einer rechteckigen Öffnung; das aus dieser herausfallende Blechstück wird beim Aufbau quer über den Rahmen gelegt und bildet den Kern. Das Verhältnis der Seiten des Rechtecks muß hierbei für den äußeren Rahmen offenbar $= 4:6$, und für den herausgeschnittenen Teil $= 2:4$ sein, um einen gleichmäßigen Querschnitt des ganzen magnetischen Kreises zu erhalten. Der Apparat wird aufgebaut, indem man abwechselnd einen Rahmen über die Spule legt, einen Streifen hindurchsteckt und so fort. Der Kern des Westinghouse-Transformators besteht aus rechteckigen Rahmen mit einem mittleren Steg, der nur an einem Ende mit dem Rahmen zusammenhängt, so daß er zurückgebogen werden kann, um den Rahmen über die Spule zu bringen. Diese Transformatoren werden in gußeisernen Gehäusen montiert zur Benutzung im Freien. Der Mantel von Statters Transformator besteht aus E-förmig gestanzten Blechen, die abwechselnd von beiden Seiten über die Spulen geschoben werden. Um gleichförmigen Eisenquerschnitt zu erhalten, besitzt der senkrechte Teil des E doppelten Querschnitt als die drei wagerechten Schenkel. Bei dem von Mr. Snell und mir selbst entworfenen Transformator besteht der Mantel aus U-förmig gestanzten Blechen, die so nebeneinandergelegt werden, daß sie einen doppelten Trog bilden, in den die Spule gelegt wird. Den Deckel dieser Tröge bildet das aus dem Innern herausgestanzte Material. Das Ganze wird durch einen gußeisernen Rahmen gehalten, wobei Sorge dafür getragen wird, daß Luft um Kern und Spulen zirkulieren kann.

Um beim Transformatorenbetrieb vollkommene Sicherheit zu erreichen, muß dafür gesorgt werden, daß ein Stromübertritt von der Primärspule in die Sekundärspule vermieden wird. Zu diesem Zweck hat Mr. Kent eine sehr einfache Vorrichtung erdacht, bestehend aus einer isolierten Metallschicht, die im Innern zwischen den beiden Spulen eingebettet ist, aber keinen in sich geschlossenen Stromkreis bildet. Diese Metallschicht, die also die beiden Spulen völlig voneinander trennt, wird an Erde gelegt. Wenn die Isolation der Primärspule durchschlagen werden sollte, so kann ein Stromübergang nicht auf die Sekundärspule, sondern nur auf die geerdete Metallschicht erfolgen, wobei die primäre Sicherung schmilzt, der fehlerhafte Transformator also abgeschaltet wird. Eine andere Sicherheitsvorrichtung rührt von Kapitän Cardew her. Ihr Zweck ist, den primären Stromkreis abzuschalten, wenn irgendein Teil des sekundären Kreises infolge Stromübergangs aus dem Primärkreis eine bestimmte höhere Potentialdifferenz gegen Erde annimmt. Der Apparat besteht aus einer Gußeisenkapsel, auf deren Boden in einer kleinen Aussperrung ein Streifen Aluminiumfolie gelegt ist, der an beiden Enden in kreisförmige Scheiben ausläuft. Ungefähr $^1/_8$ Zoll über einer dieser Scheiben befindet sich eine Metallscheibe, an deren Rückseite ein Bolzen angeschraubt ist, der den Glasdeckel der Kapsel durchdringt und durch einen dünnen Schmelzdraht mit dem Sekundärkreis des Transformators verbunden wird. Die Gußeisenkapsel selbst liegt an Erde. Der Schmelzdraht ist an einer Feder befestigt und die Einrichtung so getroffen, daß beim Schmelzen des Drahts ein Kontakt ausgelöst wird, der die primären Klemmen des Transformators kurzschließt. Wenn also das Potential zwischen Erde und der isolierten Scheibe in der Kapsel über eine gewisse Grenze (die durch Herauf- oder Herunterschrauben der Metallscheibe eingestellt werden kann) steigt, so wird das Aluminiumplättchen durch statische Anziehung gehoben; der Schmelzdraht brennt durch, worauf durch den Kurzschlußkontakt das Abschmelzen der Primärsicherung herbeigeführt wird.

Ich habe in meinem Vortrage nur die Grundprinzipien bei der Konstruktion von Transformatoren behandelt. Da jedoch die Anwendung der Transformatoren noch viel wichtiger für unser Fach ist als ihre Konstruktion, so möchte ich auch hierüber einige Worte sagen, weniger in der Absicht, Ihnen etwas Neues mitzuteilen als vielmehr in der Hoffnung, hierdurch eine Diskussion von praktischem Wert hervorzurufen. Bis jetzt ist die Stromverteilung durch Transformatoren entweder nach dem Serien- oder nach dem Parallelsystem durchgeführt worden; kombinierte Systeme, 3-Leiter-Systeme oder irgendeine andere der bei Gleichstromverteilung benutzten Schaltungsweisen sind, soweit mir bekannt ist, mit Transformatoren nicht versucht worden. Das Seriensystem mußte infolge mangelhafter Spannungsregulierung versagen, wenn die Lampen parallel geschaltet und unabhängig voneinander ein- und ausgeschaltet wurden; aber für sehr ausgedehnte und spärlich beleuchtete Distrikte ist das Seriensystem anwendbar, wenn die von jedem Transformator gespeisten Lampen in Reihe geschaltet sind (Bernstein-System), vorausgesetzt, daß der Primärstrom konstant gehalten wird. Für allgemeine Zwecke und besonders für die Stromverteilung in Städten ist die einzig praktische Methode, sowohl die Transformatoren primär als auch die von jedem Transformator gespeisten Lampen parallel zu schalten. Diese Anordnung ist auch im Prinzip in England, Amerika und auf dem Kontinent angewendet worden, aber die Methoden sind in den verschiedenen Ländern verschieden. In England ist es üblich, ein Hochspannungsnetz anzuwenden und die Transformatoren der Konsumenten an dieses anzuschließen. In Amerika werden oberirdische Hochspannungs- und Niederspannungsnetze benutzt. Diese Leitungen sind gewöhnlich an den gleichen Masten befestigt, die Transformatoren werden ebenfalls an diesen Masten aufgehängt. Auf dem Kontinent ist es üblich, ein unterirdisches Niederspannungsnetz, ähnlich wie bei Gleichstromverteilung, zu legen und dieses Netz an bestimmten Punkten durch ziemlich große Transformatoren zu speisen. Primär werden diese Transformatoren mit der Zentralstation verbunden entweder durch oberirdische Leitungen oder durch eine besondere Art von Kabeln, in denen die beiden Leiter konzentrisch angeordnet sind. Das Kabel wird geschützt durch einen doppelten Bleimantel und ein spiralförmig aufgewickeltes Eisenband. Von diesen drei Methoden scheint mir unsere eigene (die englische) die schlechteste, die amerikanische etwas besser und die kontinentale die beste zu sein. Hochspannungsdrähte kreuz und quer über die Straßen zu ziehen, Abzweigungen davon in die Häuser zu leiten und jedem Konsumenten einen kleinen Transformator zu geben, der der Berührung leicht ausgesetzt ist, fordert meiner Ansicht nach geradezu Unglücksfälle heraus. Derartige rohe Methoden mögen genügen, solange das elektrische Licht in einem Distrikt noch nicht allgemein verbreitet ist; wenn aber jeder Hausbesitzer es besitzt (und das erhoffen wir), so werden die Tausende von Abzweigdrähten und Transformatoren in den Häusern eine sehr ernste Gefahrquelle darstellen. Bei dem amerikanischen System werden wenigstens die Hochspannungsdrähte nicht in die Häuser geleitet, und die Gefahr für die Hausbewohner ist demgemäß klein; die Oberleitungen in den Straßen bieten jedoch dieselbe Gefahr wie bei uns.

Demgegenüber muß die kontinentale Methode als fast vollkommen sicher bezeichnet werden. Mit einer Anordnung wie Mr. Kents Erdzwischenplatte oder Kapitän Cardews geistreiche Erdungsvorrichtung kann der sekundäre Stromkreis niemals eine lebensgefährliche Spannung annehmen. Das Netz kann aus verhältnismäßig dünnen Kabeln bestehen, da wir zahlreiche Speisepunkte vorsehen können, durch die an jedem Ort und zu jeder Zeit konstante Spannung erreicht wird. Die Transformatoren sind ziemlich groß; jeder muß etwa für 400—500 Lampen ausreichen und kann in Räumen aufgestellt werden, zu denen kein Unbefugter Zutritt hat. Durch die unterirdische Verlegung der Speiseleitungen werden ferner Unfälle fast unmöglich gemacht. Die Methode, ein unterirdisches sekundäres Verteilungsnetz zu benutzen, hat weiter den Vorteil, daß, falls die Akkumulatoren in Zukunft so verbessert werden sollten, daß eine Verteilung mittels Gleichstrom möglich wird, alle Kabel für diesen Zweck ohne irgendeine Änderung benutzt werden könnten.

III.

Über den Wirkungsgrad von Transformatoren.

Vortrag, gehalten in der außerordentlichen Sitzung des Elektrotechnischen Vereins am 22. März 1892[1].

Von **M. von Dolivo-Dobrowolsky.**

„Nachdem in der neueren Zeit, hauptsächlich dank der Ermöglichung der Kraftübertragung mittels Wechselstromes bzw. des ihm verwandten Drehstromes, die Verteilung der Elektrizität durch hochgespannte Ströme wiederum an Bedeutung gewonnen hat, ist es notwendig geworden, sich über die dabei zu verwendenden Stromumwandler größere Klarheit zu verschaffen. Ich will hiermit nicht sagen, daß über Transformatoren zu wenig geschrieben oder mit denselben zu wenig experimentiert worden ist. Umgekehrt, man kann sehr vieles finden über die eventuellen Verzerrungen der Stromkurve durch Foucault-Ströme, man liest über recht ausführliche Versuche darüber, ob die Hysteresis, trotz konstantem Magnetismus, sich doch nicht ein wenig ändert je nach dem Belastungsgrade des Transformators usw. Allein, wie man diese Apparate proportionieren soll, damit sie möglichst ökonomisch arbeiten, welche Gesichtspunkte der Fabrikselektriker befolgen muß, wenn er wirklich praktische und lebensfähige Formen den Transformatoren geben will — darüber ist herzlich wenig in der Literatur vorhanden. Hierdurch erklären sich viele völlig falsche Grundsätze, Ideen und Vorurteile, welche von alter Zeit herrühren und schwer auszumerzen sind.

Ich bin zwar, wie es die Herren sehen werden, durchaus kein Anhänger aller Swinburneschen Schlußfolgerungen, allein ich muß, um gerecht zu sein, gerade Swinburne das Verdienst zuerkennen, die praktische Betrachtung der Transformatoren angebahnt zu haben.

In meinem heutigen Vortrage kann ich selbstverständlich nicht eine komplette Theorie des rationellen Transformatorenbaues, wie ich mir dieselbe denke, vorbringen; ich möchte vielmehr, sozusagen, nur einige Kapitel aus derselben herausgreifen und einige der Gesichtspunkte Ihnen vortragen.

Im Elektrikerkongreß zu Frankfurt a. M. hatte ich meinen Hauptlehrsatz der Wechselstromtechnik bereits kurz beschrieben. Ich sagte: der Magnetismus (als Anzahl Kraftlinien) stellt sich immer so hoch ein, daß die durch denselben hervorgerufene EMK im

[1] ETZ. 1892. S. 222.

Apparate addiert mit dem Spannungsverluste gleich der herrschenden Spannung wird.

Ist N die Anzahl Kraftlinien, p die Periodenzahl, w die Windungszahl der Spule und E die sog. mittlere EMK in Volt, so herrscht die bekannte Beziehung

$$E \cdot 10^8 = 4 \cdot p \cdot w \cdot N^1 .$$

Ist nun erstens der Spannungsverlust sehr klein, wie dies ja bei Transformatoren und Motoren der Fall ist, zweitens die Wechselzahl gegeben oder geliefert, drittens der Apparat fertiggewickelt, d. h. seine Windungszahl unveränderlich, so vereinfacht sich der obige Lehrsatz zu folgendem: Der Magnetismus ist gleich der Klemmenspannung multipliziert mit einem konstanten Zahlenfaktor. Mit anderen Worten: die Spannung ist ein Maß für den Magnetismus und umgekehrt.

Dieser Satz ist ganz allgemein gültig ohne Rücksicht darauf, ob die Spule Strom erzeugt oder solchen erhält, ob dieser Strom stark oder schwach ist (letzteres ist natürlich nur bis auf den geringen Einfluß des Spannungsverlustes richtig), ob ferner der Magnetismus von außen zugeführt wird oder ob derselbe teilweise oder ganz von dem durch die Spule fließenden Strome selbst erzeugt werden muß, auch ist die jeweilige Größe des magnetischen Widerstandes ohne Einfluß. Bei gleicher Windungs- und Wechselzahl ist der Magnetismus für eine bestimmte Spannung immer derselbe, und man könnte sagen, daß Magnetismus und Spannung sich immer gegenseitig balancieren.

Hierdurch hört jeder prinzipielle Unterschied zwischen Induktion, Selbstinduktion, gegenseitiger Induktion usw. einfach auf.

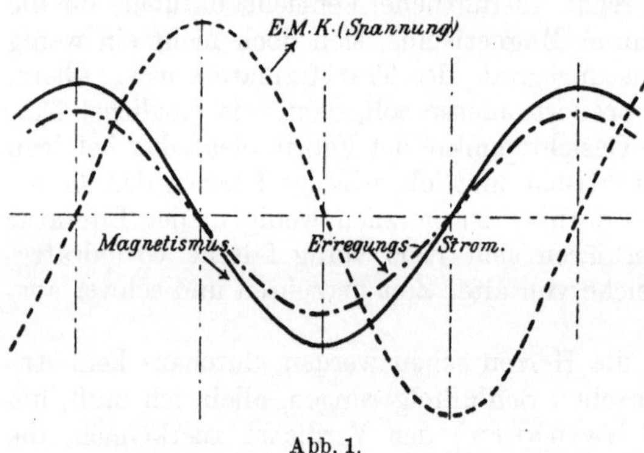

Abb. 1.

Da die EMK in jedem Moment proportional der Geschwindigkeit der Änderung der Kraftlinienzahl ist und letzteres im Moment des Polwechsels (Abb. 1) am größten ist, so folgt hieraus der fernere wichtige Satz, daß die Phase der EMK bzw. der Spannung um ein Viertel der Periode gegen die Phase des Magnetismus verschoben ist.

Solange der Strom ausschließlich magnetisierend wirkt oder einfach nur die Amperewindungen zu liefern braucht, ohne weitere Arbeit zu leisten, ist er nicht anders zu denken, als mit allen seinen Kraftlinien zusammen: es stimmt dann die Phase des Stromes mit der Phase des Magnetismus überein. Betrachten wir das Schema der Abb. 1 näher,

---

[1] Die wirksame EMK ist gegen die obige mittlere bekanntlich um ca. 10 % höher.

so sehen wir, daß der Strom die halbe Zeit mit der Spannung, die andere halbe Zeit gegen dieselbe fließt. Die halbe Zeit ist also unsere Spule einem Energie konsumierenden und die halbe Zeit einem Energie erzeugenden Apparate gleich. Im Durchschnitt trägt der Strom also weder gelieferte, noch konsumierte Energie, er ist „wattlos". Solcher wattlose Strom, da er nur ohne Arbeitsleistung zur Herstellung eines magnetischen Feldes dient, soll „Erregungsstrom" heißen. Wenn hingegen ein Strom in einen unmagnetischen Apparat geleitet wird, d. h. wenn nur Widerstand zu überwinden ist, und kein magnetisches Feld vorhanden oder gebildet wird, so entwickelt sich die ganze Zeit nach Jouleschem Gesetze Wärme; der Strom pulsiert dann gleichzeitig mit der Klemmenspannung. Dies ist der reine „Wattstrom". Es existieren weder der Wattstrom, noch der Erregungsstrom einzeln als solche, vielmehr sind sie immer beide zusammen kombiniert, denn jeder Strom erzeugt ein magnetisches Feld, und es gibt weder induktionsfreie Widerstände noch widerstandslose Spulen, auch ist ein ideal weiches remanenzloses Eisen bisher nicht entdeckt worden. Jeder Wechselstrom besteht also praktisch aus 2 Strömen: dem Wattstrom und dem Erregungsstrom, welche so zusammenaddiert werden wie zwei rechtwinklig zueinanderstehende Kräfte zu einer Resultierenden. Abb. 2 zeigt die Addition des Erregungsstromes OJ_1 zum Wattstrom OJ_2, wobei OJ der resultierende, praktisch gemessene Strom ist. Der Winkel φ ist dann der Winkel der Phasenverspätung des resultierenden Stromes gegen die zugeführte Klemmenspannung bzw. gegen die EMK.

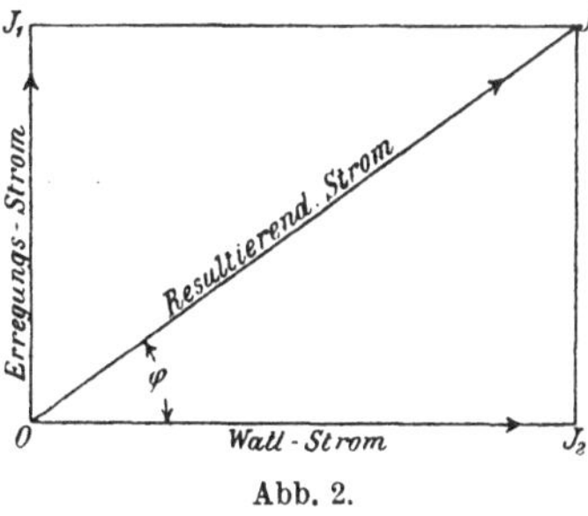

Abb. 2.

Bei hohen Spannungen oder bei sehr großen Wechselzahlen wird die elektrostatische Kapazität bzw. das elektrostatische Feld nicht zu vernachlässigen sein. Es gibt dann hier ebenfalls einen wattlosen, sog. „Ladestrom", nur daß hier die Klemmenspannung hinter dem Strome um ein Viertel der Phase zurückbleibt oder, was praktisch das gleiche ist, es tritt eine Voreilung der Stromphase um ein Viertel der Periode gegen die Klemmenspannung ein. Strenggenommen resultiert daher jeder Wechselstrom aus 3 Strömen: dem Erregungs-, dem Lade- und dem Wattstrome.

Bei der heutigen Betrachtung über Transformatoren werden wir die Kapazitätserscheinungen meistens unberücksichtigt lassen, da sie nur bei speziellen Fällen eine Rolle spielen.

Aus den oben angeführten Lehrsätzen folgt bereits für die Transformatoren sehr vieles, wovon ich Ihnen zur Illustration folgendes ausziehe:

1. Der Magnetismus eines Transformators bleibt bei allen Belastungen nahezu ganz konstant: er vermindert sich nur in dem Maße, wie der Spannungsverlust in der primären (d. h. gespeisten) Spule steigt, also nur um einige Prozent (1—3). Hieraus folgt wiederum, daß die

Hysteresis, die Ummagnetisierungsarbeit im Eisenkern eine nahezu konstante Größe ist; jedenfalls spielt diese Änderung keine Rolle bei der Betrachtung des Wirkungsgrades der Umformer, da es ja ganz gleich sein kann, ob man als Leerlauf 2,00 oder 2,02% der vollen Leistung annimmt.

2. Bei unbelastetem Transformator ist der Wattstrom ganz klein, da nur Ummagnetisierung des Eisens und die minimalen Spannungsverluste im Kupfer einen Energieverbrauch erfordern.

3. Der Leerlaufstrom eines Transformators besteht hauptsächlich aus dem wattlosen Erregungsstrome und ist demnach vom magnetischen Widerstande abhängig. Aus dem magnetischen Widerstande der Eisenkonstruktion folgt für den durch die Klemmenspannung bedingten Magnetismus eine mehr oder minder große erforderliche Amperewindungszahl; die gegebene oder angenommene Windungszahl ergibt dann die Maximalordinate des Erregungsstromes.

4. Konstruiert man für einen Transformator das Diagramm der Abb. 2, so findet man wegen des nur kleinen Wattstromes, daß der Erregungsstrom eine wesentliche Phasenverschiebung des resultierenden Stromes verursacht. Diese Phasenverschiebung und auch die Stärke des resultierenden Stromes sind um so größer, je größer das Verhältnis des magnetischen Widerstandes, d. h. der erforderlichen Amperewindungszahl zur primären Windungszahl, ist. Bei Transformatoren mit vielen Windungen pro Spannungseinheit, also mit viel Kupfer, wie dies später aus anderen Gründen befürwortet wird, ist aus obigem Grunde der Erregungsstrom klein, auch wenn für geringen magnetischen Widerstand nicht besonders gesorgt wird.

5. Wird ein Transformator belastet, und zwar durch Glühlampen oder andere nahezu unmagnetische Widerstände, so steigt nur diejenige Stromkomponente, die ich Wattstrom nenne, es vermindert sich daher die Phasenverschiebung. Die Abb. 3 zeigt, daß, wenn der zur Erregung nötige Strom sogar 10% des Maximalarbeitsstromes beträgt, wir bei Vollbelastung praktisch keinen Unterschied zwischen dem resultierenden und dem Wattstrom oder zwischen scheinbaren und wirklichen Watt mehr haben. In der Tat ist dabei der Winkel φ nur 6 Grad, der Kosinus hiervon ist 0,985 und mithin die Abweichung der wirklichen Stromstärke von der aus den Watt berechneten nur $1^1/_2$%. Bei den meisten Transformatoren ist der Erregungsstrom weit unter 10%, so daß bei Glühlichtverteilung eine Rücksicht auf die Phasenverschiebung in den Transformatoren gar nicht genommen zu werden braucht.

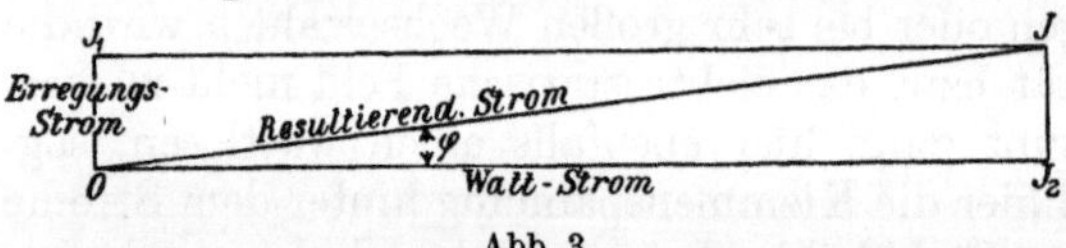

Abb. 3.

6. Ist, wie bei „offenen" Transformatoren, der Erregungsstrom groß im Verhältnis zu den Kupferquerschnitten, so ist der Verlust nach Jouleschem Gesetze auch bei Leerlauf nicht zu vernachlässigen; derselbe verursacht eine größere Wattstromkomponente, als es aus der Hysteresis allein folgen würde. Dies ist z. B. bei den Swinburneschen

„Igel"-Transformatoren der Fall, indem der Erregungsstrom etwa 30% des maximalen Wattstromes beträgt; trotzdem soll deren Wattkonsum bei Leergang nur etwa 1% der vollen Leistung betragen.

7. Wird ein Transformator durch Spulen od. dgl. magnetische Apparate belastet, so wird demselben hauptsächlich ein Erregungsstrom entnommen; die Folge davon ist, daß dann auch primär evtl. nur der Erregungsstrom steigt und eine Verminderung der Phasenverschiebung nicht eintritt. Es gilt überhaupt immer das Diagramm der Abb. 2; der zwischen der Erzeugungs- und Konsumstelle eingeschaltete Transformator kommt nur mit seinem eigenen Erregungsstrom und dem aus seinen Verlusten herrührenden Wattstrom als additives Glied hinzu.

8. Man kann durch Vergrößerung des magnetischen Widerstandes des Transformators, z. B. durch Zwischenlegen von Papier in die Schnittstellen des Eisens, Abb. 4, den Erregungsstrom vergrößern, um die aus der elektrostatischen Kapazität der Leitung herrührende umgekehrte Phasenverschiebung zu kompensieren. Hierdurch läßt sich die von der Dynamo zu leistende Stromstärke auf das dem Wattverbrauch entsprechende Minimum herabsetzen.

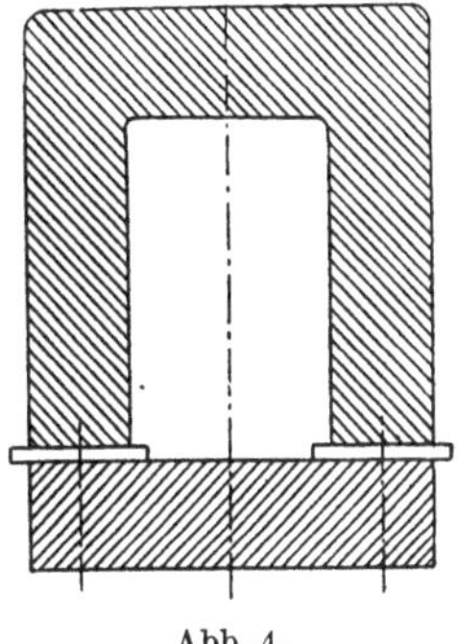

Abb. 4.

Nachdem ich Ihnen durch obige Beispiele die elektrische Theorie des Transformators, entsprechend den neuen Anschauungen, skizziert habe, gehe ich zur Dimensionierungsfrage über. Eine allgemeine Schablone oder Rezept für die beste Berechnung bei Transformatoren kann es ebensowenig geben wie bei den Dynamos. Am besten ist auch hier das Verfahren, eine größere Anzahl von Transformatoren auf Papier zu skizzieren, zu berechnen und dann die Wahl zu treffen, welcher für den vorliegenden Fall sich am besten eignet.

Berücksichtigt man von Anfang an einige leitende Gesichtspunkte, so kann man durch Übung bald das Gefühl soweit ausbilden, daß man, ohne zuviel Papier zu verderben, rasch die gewünschten Dimensionen findet. Auch leisten Kurven gute Dienste, wenn man irgendeine Zwischengröße sucht.

Ist ein Transformator skizziert, so unterwirft man ihn folgenden wichtigsten Kontrollrechnungen. Vorerst sieht man zu, ob die Kupferwiderstände genügend klein sind, was ja leicht geschehen ist. Sodann, falls keine Veränderung der Kupferquerschnitte erforderlich, rechnet man sich die Polwechselarbeit für das Eisen aus. Es ist eine der schwersten Aufgaben beim Transformatorenbau, wenig Energieverluste im Eisen zu bekommen und dennoch genügend Platz für die Wicklung zu schaffen.

Die Polwechselarbeit hängt größtenteils von dem ab, was jetzt mit dem Namen Hysteresis bezeichnet wird, teilweise müssen aber auch zur Hysteresis noch die nie ganz zu vermeidenden Foucault-Ströme hinzugefügt werden. Der Einfluß letzterer ist jedoch sehr klein bei rationeller Zerteilung des Eisens, wenigstens habe ich dies häufig so gefunden aus dem Betrachten der Kurven der gesamten Polwechselarbeit bei verschiedenen magnetischen Dichten und Wechselzahlen. Der Wattverlust wegen der Hysteresis ist bei gegebener magnetischer Dichte einfach der Eisenmenge proportional und auch beinahe proportional der Wechselzahl (ein ganz kleines höheres Steigen rührt von den Foucault-Strömen her).

Was die Abhängigkeit der Polwechselarbeit von der magnetischen Beanspruchung anbelangt, so fand ich beinahe immer eine sehr schöne Übereinstimmung mit dem von Herrn Steinmetz (New York) angegebenen Gesetze der 1,6fachen Potenz bzw. mit der Kurve des Prof. Ewing. Ich bemerke sofort, daß hierbei die Zahlenfaktoren anders zu nehmen sind und daß sich letztere je nach der Qualität des Eisens ändern. Ich fand bei sehr vielen seit 2 Jahren in der Allg. Elektrizitäts-Gesellschaft untersuchten Eisenblechproben Werte, welche

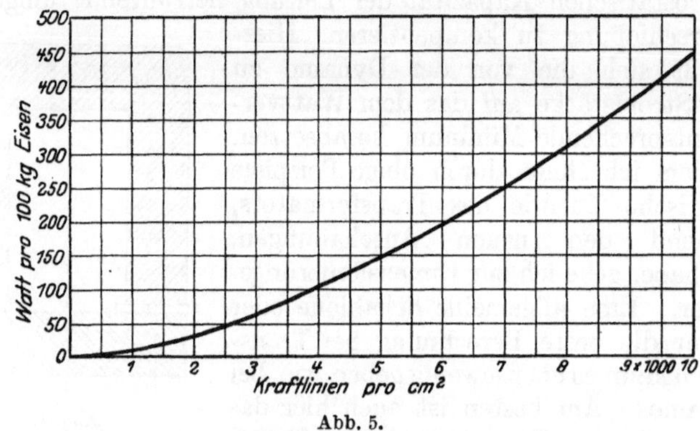

Abb. 5.

1,2—2,5mal größer als die Ewingschen waren. Wenngleich bessere Eisensorten nicht ausgeschlossen sind, so glaube ich doch, daß für durchschnittliche Praxis die Ewingschen Zahlen mit etwa 1,6—1,7 zu multiplizieren sind. Die Kurve in Abb. 5 zeigt uns die Verluste pro 100 kg eines mittelmäßig guten Eisens bei 80 Polwechseln = 40 Perioden und verschiedenen magnetischen Beanspruchungen[1]. Für Wechselzahlen, welche nicht allzu weit von obiger entfernt sind, kann ganz gut Proportionalität angenommen werden.

Die Haupttugend eines Transformators ist unstreitig der hohe Wirkungsgrad. Es ist jedoch bei Transformatoren, welche in Verteilungsanlagen oder bei Zentralstationen benutzt werden, der Wirkungsgrad anders zu definieren, als wie wir es bei Dynamos und Motoren gewöhnt sind.

Der im Transformator stattfindende Verlust muß auf die ganze tägliche Arbeitszeit, also evtl. auf 24 Stunden, verteilt werden, wobei nur eine relativ kurze Zeit, und dies auch nur im Winter, die volle Belastung eintritt. Unter dem „eigentlichen" oder „durchschnittlichen" Wirkungs-

[1] Die dieser Kurve entsprechenden Zahlen sind gegen Ewingsche ca. 1,7mal so groß.

grade eines Transformators muß also das Verhältnis der täglich nützlich geleisteten zu den dem Transformator zugeführten Wattstunden verstanden werden. Freilich wird auf diese Weise der Wirkungsgrad abhängig werden von der Kurve der Stromentnahme den Tag über, für deren evtl. ungünstigen Verlauf der Transformatorenfabrikant nichts kann. Es ist aber dennoch möglich, eine durchschnittliche Tageskonsumkurve für einzelne Gegenden bzw. Städte annähernd aufzustellen und daran den Wirkungsgrad der Transformatoren ungefähr zu bestimmen bzw. sich danach bei der Fabrikation zu richten. Die Abb. 6 und 7 stellen z. B. den Stromkonsum der Berliner Elektrizitätswerke und den in einer mittleren Stadt Deutschlands dar, wobei in letzterer kein Elektromotorenbetrieb am Tage stattfindet. Aus der Betrachtung dieser Belastungsverteilung sehen wir, daß der Wirkungsgrad des Transformators bei maximaler Leistung einen kaum merklichen Einfluß auf die durchschnittliche Ökonomie hat und daß man sich hauptsächlich um die Verluste bei geringer Belastung kümmern soll.

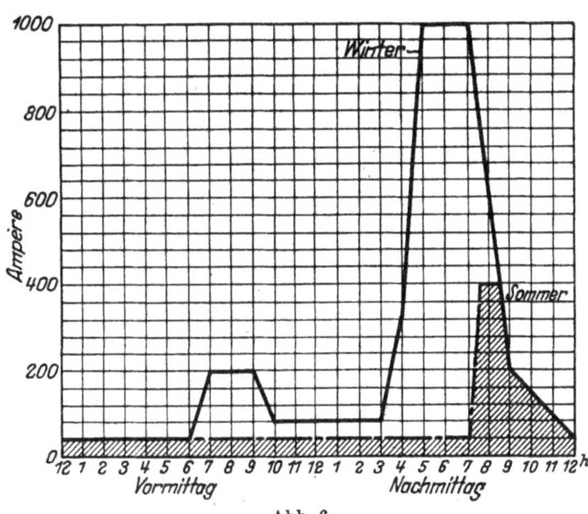

Abb. 6.

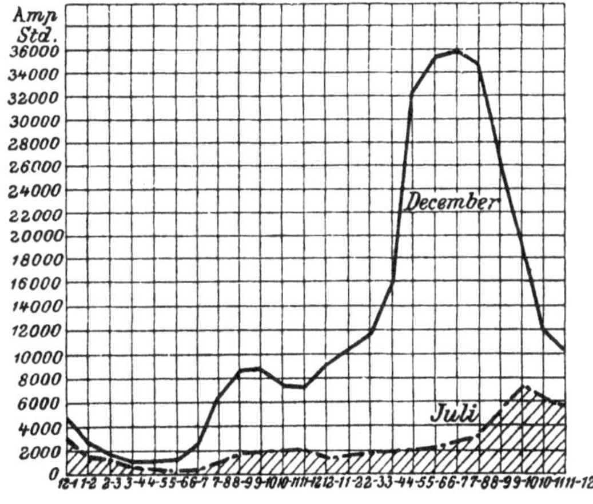

Abb. 7.

Die Verluste im Transformator sind zweierlei: 1. diejenigen, welche durch den Widerstand der Kupferwindungen bedingt sind, also einfach „Kupferverluste“, 2. die im Eisen stattfindenden und, wie oben erwähnt, hauptsächlich von der Hysteresis herrührenden, wir bezeichnen sie kurz als „Eisenverluste“. Die Kupferverluste steigen mit dem Quadrate der Stromstärke; ist der Erregungsstrom im Transformator klein, wie dies meistens der Fall ist, so kann annähernd Proportionalität zwischen Stromstärke und Belastung angenommen werden. Dann heißt es einfach: die Kupferverluste steigen und fallen mit dem Quadrate der Belastung. Ist z. B. der Kupferverlust bei voller Belastung 100 Watt, so beträgt er bei halber nur 25, und bei einem Zehntel des Maximums nur 1 Watt. Es hat mithin der Kupferverlust wenig Einfluß auf die durchschnittliche Ökonomie des Transformators, bei welchem nur kleine Belastungen maßgebend sind. Die Eisenverluste sind aber, wegen der anfangs nachgewiesenen Konstanz des Magnetismus, für den ganzen Bereich der Wirkung des Transformators konstant. Sie spielen daher eine um so größere Rolle, je kleiner die Belastung, und umgekehrt. Um also tagsüber hohen durchschnittlichen Wirkungsgrad zu haben, muß man hauptsächlich die Eisenverluste klein gestalten.

Ein Transformator kann immer schematisch so dargestellt werden, wie in Abb. 8, d. h. wie zwei dicht ineinander passende Kettenringe, einer aus Kupfer und der andere aus Eisen. Man kann nicht den Querschnitt eines dieser Ringe vergrößern, ohne auch den anderen vergrößern zu müssen. Das Fatale bei Transformatoren ist also, daß man nicht den Kupferquerschnitt größer, mithin den Widerstand und die Kupferverluste verkleinern kann, ohne gleichzeitig die Eisenmenge, also die Eisenverluste, zu vergrößern. Hieraus folgt aber sofort, daß, da die Kupferverluste den durchschnittlichen Wirkungsgrad nur wenig alterieren, man durch Zulassung eines relativ großen Kupferverlustes geringe Eisenmenge und demnach hohe tägliche Ökonomie erreichen kann. Nachteile großer Kupferverluste bestehen nur darin, daß man in Zentralstationen bei steigender Belastung eine um einige Prozent höhere Spannung halten muß. Dieses würde teilweise gegen solche Dimensionierungsart sprechen, falls wir nicht bei fast allen Systemen der Elektrizitätsverteilung an so etwas gewöhnt wären. In den Speiseleitungen (Feeders) bei Gleichstromzentralen geht man ja mit leichter Hand in der Spannung um 20 % höher gegen die Verteilungsspannung. Auch bei Wechselstrom von hoher Spannung ist ja auch selten, daß man in den Fernleitungen unter 2—3 % Verlust hat; letzteres, addiert mit dem Spannungsverlust von 2 %, wie er in den meisten Transformatoren stattfindet, ergibt einen totalen Spannungsverlust von mindestens 5 % (abgesehen von dem Spannungsabfall wegen der geringen magnetischen Streuung im Transformator).

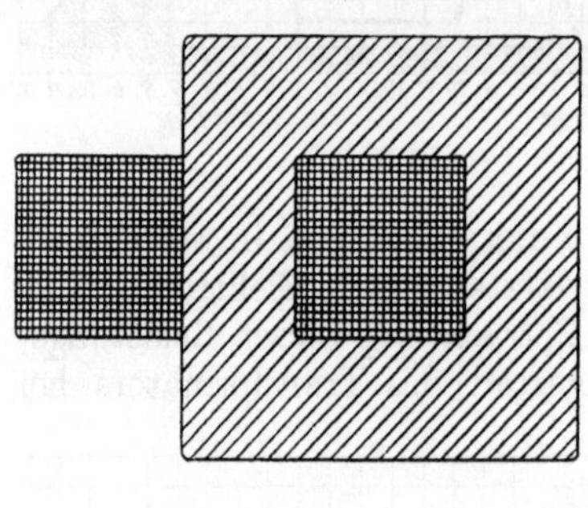

Abb. 8.

Diese 5 % müssen schon jetzt ausreguliert werden. Warum sollte es denn auch bei Wechselstrom nicht angehen, mehr als das, z. B. 7, 8 oder 10 %, auszuregulieren? Es ist immer noch weniger als bei Gleichstrom, und eine Regulierung als solche kann doch sowieso nicht entbehrt werden. Daß es bei Wechselstrom genügen soll, die Spannung in der Station konstant zu halten, ist längst ins Bereich der Legenden übergegangen. Ich schlage daher vor, mit den traditionellen 2 % des

Spannungsverlustes in Transformatoren abzubrechen und etwa 4—5 % als Norm anzunehmen, namentlich da, wo nicht der maximale, sondern der tägliche Wirkungsgrad von Bedeutung ist. Man spart durch dieses Mittel mehr Kohlen, als man sich denken könnte.

Eine weitere Frage ist die, ob man nicht durch gewisse konstruktive Anordnungen des Transformators an Eisenverlusten sparen könnte. Hat man ein bestimmtes Eisenquantum und will man bei demselben nur eine bestimmte magnetische Beanspruchung (Dichte) zulassen, so hat man in demselben immer eine bestimmte Polwechselarbeit für gegebene Wechselzahl. Diese Polwechselarbeit ist unabhängig von der Gestalt der Eisenmasse. Wie soll man diese Masse nun anordnen oder formen, wenn man sie für möglichst große transformierte Energie anpassen will? Die Antwort auf die so gestellte Frage kann nicht anders lauten, als daß das gegebene Eisenquantum möglichst ausgedehnt werden muß, um möglichst viel Platz für die Kupferwindungen zu schaffen. In der Tat, bei dicken Ringen ist das „Fenster“ oder die Öffnung für das Wickeln unverhältnismäßig klein. In der Ausdehnung des Eisens als dünnen und weiten Ring wird man übrigens nicht zu weit gehen müssen, da infolge des immer größeren Umfanges der Windungen die Leistung langsamer wächst, als das Kupfergewicht, und der Transformator könnte zu teuer werden. Immerhin ist es empfehlenswert, dem Eisen eine solche Gestalt zu geben, daß recht viel Kupfer angebracht werden kann, denn der Preis des Transformators dürfte ruhig sogar mehr als der doppelte gegen die jetzigen Durchschnittspreise werden, wenn dadurch wesentlich an Betriebskosten gespart wird.

Da bei Erhöhung des Querschnittes der Umfang weniger rasch steigt, so können große Transformatoren in sogar überraschender Weise günstiger gebaut werden als die kleinen. Es kann daher nicht dringend genug gewarnt werden vor dem amerikanischen Prinzip, in jedem kleinsten Hause einen Transformator aufzustellen. Die Leitungsersparnis steht in keinem Verhältnis zu den erhöhten Betriebskosten. Bei Verteilungssystemen, bei welchen auf hohe Rentabilität Ansprüche gemacht wird, sollte man nur wenige Transformatoren von unter 5 Kilowatt verwenden; ich glaube, daß bald die Durchschnittsgröße eines Transformators mindestens 20 kW erreichen wird. Der Einwendung, daß sehr große Transformatoren nicht genügende Abkühlungsfläche haben und daher zu heiß werden, beuge ich vor durch das Beispiel der größten bis jetzt je gebauten Transformatoren, nämlich derjenigen unserer Anlage Lauffen-Frankfurt. Diese Transformatoren sind, namentlich gelegentlich der Versuche der Prüfungskommission, tagelang unter Strom gestanden, ohne daß deren Temperatur sich mehr als um nur etwa 40° C erhöhte, und zwar sowohl bei den Transformatoren der Allgem. Elektricitäts-Gesellschaft als auch denjenigen von Oerlikon[1].

Ich erlaube mir jetzt nochmals die gekennzeichneten neuen Gesichtspunkte über Transformatoren mit den bisher allgemein verbreiteten einander gegenüber zu stellen.

[1] Bekanntlich waren diese Transformatoren für 200 kW gebaut.

a) Früher: Der magnetische Verlauf muß möglichst geringen Widerstand haben, das Eisen soll kurz, dick und möglichst fugenlos sein.

Jetzt: Auf den magnetischen Widerstand kommt es nicht viel an, die Fugen darf man ohne Schaden aus konstruktiven Rücksichten verwenden, manchmal sind solche sogar günstig, um die elektrostatische Kapazität der Leitungen zu bekämpfen; die Eisenkerne sollen relativ dünn und lang sein, um viel Platz für Kupfer zu lassen.

b) Früher: Man muß die Kupferdrähte möglichst mit Eisen umgeben, womöglich sogar darin einbetten, um an Kupfer zu sparen.

Jetzt: Man soll das Eisen möglichst mit Kupfer zu umgeben suchen, um speziell am Eisen zu sparen.

c) Früher: Der Transformator soll selbstregulierend und zu diesem Zweck die Spulen möglichst widerstandslos sein.

Jetzt: Man suche nicht sich der Selbstregulierung zu nähern, da solche schon wegen der Verluste in den Leitungen illusorisch ist. Der Widerstand des Transformators, sofern er nicht zu sehr groß, hat wenig Einfluß auf die Durchschnittsökonomie; es kann sogar letztere höher werden, wenn man zwecks Verminderung der Eisenmasse den Kupferwiderstand vergrößert.

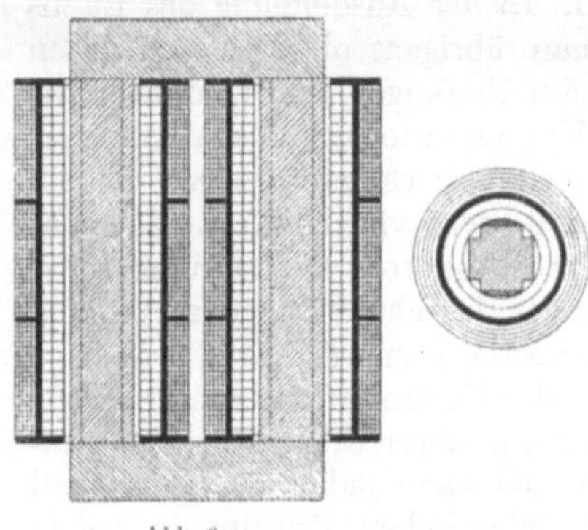

Abb. 9.

Damit bei Ihnen, meine Herren, der Glaube an die Möglichkeit recht guter Transformatoren, die auch bei geringer Belastung ökonomisch arbeiten, sich verstärkt, und anderseits, um meine Ausführungen zu illustrieren, will ich Ihnen Zahlenbeispiele vorführen, und zwar beziehen sich diese auf Transformatoren, wie solche von der Allgem. Elektricitäts-Gesellschaft als „Verteilungs-Transformatoren“ speziell bezeichnet werden.

Auf Abb. 9 ist ein Wechselstrom-Transformator dargestellt für 3500 Watt Leistung bei 80 Polwechseln und zur Umwandlung von 1000 zu 100 V.

Der wirkliche Eisenquerschnitt beträgt nach Abzug der Isolation 42 cm². Windungszahl hochvoltig 3600 total und niedervoltig 360. Der Kupferdraht für hohe Spannung hat 2,3 mm Durchmesser (= 4,1 mm² Querschnitt) und für die niedrige Spannung rechteckig 5×8 mm (Querschnitt wegen abgerundeter Ecken 38 mm²). Die Widerstände der beiden Wicklungen betragen 9,0 und 0,064 Ω, und zwar im warmen Zustande. Dies ergibt als Kupferverlust bei voller Belastung zirka 5,3% total. Das Kupfergewicht des Transformators beträgt zirka 120 kg. Die Länge der Eisenkerne von 440 mm und der Querstücke von 3,5 mm reicht aus, um obige Drahtmenge mit reichlichen Isolationsschichten, Endplatten usw. aufzunehmen. Das Eisengewicht ist zirka 50 kg. Aus der Dichte von etwa 4000 der Kraftlinien und der Kurve in Abb. 5, welche für mittelmäßig gutes Eisen gilt, folgt eine Leerlaufsarbeit von

50 Watt = 1,4% der Leistung des Transformators. Die Kurve des Wirkungsgrades und die der Gesamtverluste sind als Funktion der Leistung in Abb. 10 bzw. 11 dargestellt. Die hier punktierten Kurven bedeuten Wirkungsgrad und Verluste eines gleich großen Transformators der bis jetzt üblichen Dimensionierungsart, nämlich mit nur 2% Kupferverlust und dafür 4% Ummagnetisierungsarbeit.

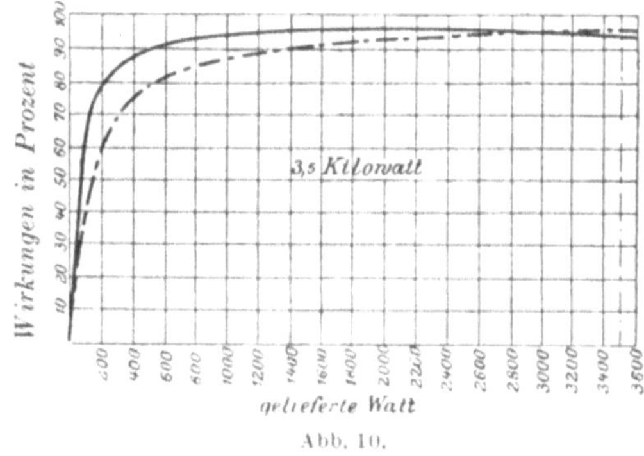

Abb. 10.

Die Abb. 12 stellt einen größeren Transformator dar, nämlich für 20 kW bei 5000: 100 V und ebenfalls 80 Polwechseln. Die beiden niedervoltigen Spulen haben 76 Windungen eines rechteckigen Drahtes von 120 mm²; die hochvoltigen Spulen hingegen je 3760 Windungen von 2 mm Draht (Querschnitt 3,14 mm²). Die Widerstände sind: niedervoltig 0,0121, und hochvoltig 34 Ω total und im warmen Zustande. Der Kupferverlust bei voller Leistung ist also zirka 5%. Das Gesamtkupfergewicht rund 330 kg. Aus den in der Abb. 12 angegebenen Maßen folgt, unter Berücksichtigung des wirklichen Eisenquerschnittes von 110 cm², ein Eisengewicht von zirka 160 kg. Die magnetische Beanspruchung ist hier auch ungefähr 4000. Nehmen wir hier wiederum dasselbe mittelmäßig

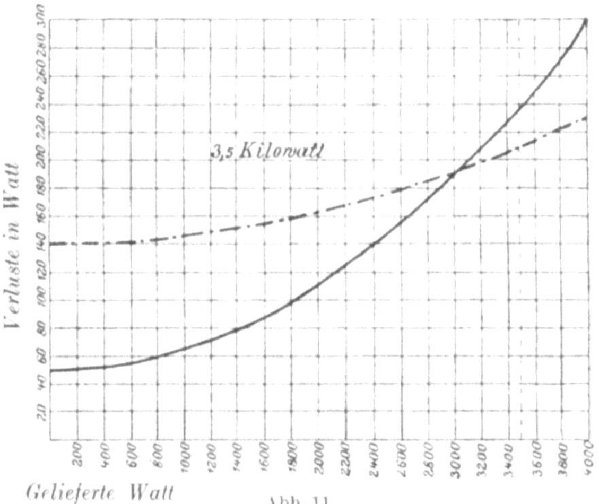

Abb. 11.

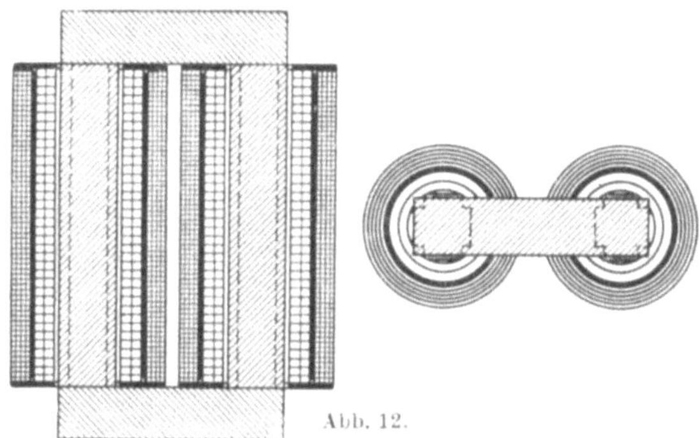
Abb. 12.

gute Eisen an, so finden wir eine Leerlaufsarbeit von ca. 160 Watt oder nur 0,8 % der maximalen Leistung. Die Abb. 13 und 14 geben die Kurven des Wirkungsgrades und der Verluste an. Wiederum ist hier vergleichsweise ein typischer Transformator gleicher Leistung und Voltzahl angedeutet, wobei sein Spannungsverlust zu 2 % und sein Leerlauf auch zu 2 % angenommen sind. Wir sehen bei beiden Transformatorengrößen, daß bei der maximalen Belastung die neuen Transformatoren geringeren Wirkungsgrad haben, als die alten. Nun wollen wir aber aus den Kurven der Verluste Abb. 11 und 14 und den Tageskonsumkurven der Abb. 6 die täglichen Verluste und Wirkungsgrade ableiten und vergleichen. Bei Annahme von 1000 Amp. × 100 V = 100 kW als Wintermaximum erhalten wir folgende Tabelle:

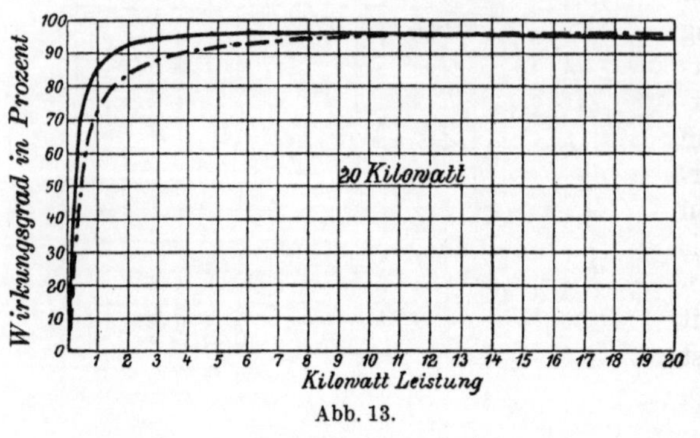

Abb. 13.

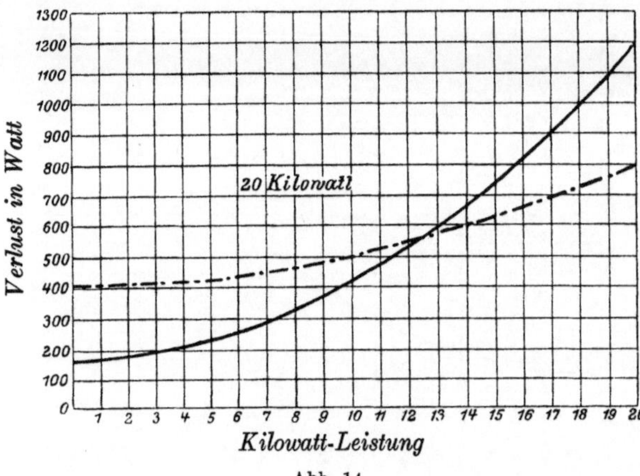

Abb. 14.

	Bei Verwendung von Transformatoren			
	à 3,5 kW		à 20 kW	
	alte	neue	alte	neue
Im Winter:				
Leistung der Transformatoren in Kilowattstunden	573,0	573,0	573,0	573,0
Verluste in Kilowattstunden	103,5	54,7	55,4	38,2
Täglicher Wirkungsgrad in Prozent	84,7	91,25	91,2	93,7
Im Sommer:				
Leistung der Transformatoren in Kilowattstunden	186,0	186,0	186,0	186,0
Verluste in Kilowattstunden	96,6	36,3	48,6	20,7
Täglicher Wirkungsgrad in Prozent	65,8	83,8	79,2	90,0

Wir sehen aus dieser Tabelle nicht nur die große Überlegenheit der neuen Dimensionierungsart der Transformatoren, sondern auch, daß beim Gebrauch solcher unter den ungünstigsten Verhältnissen, wie das Nichtausschalten von überschüssigen Transformatoren in der Sommerperiode und keiner Stromabgabe für Elektromotoren am Tage, die Verluste nur minimaler Größe sind. Von einem schlechten Wirkungsgrade kann nicht die Rede sein.

Drehstrom-Transformatoren, von denen ich Ihnen in Abb. 15 die neueste Anordnung der Allgem. Elektricitäts-Gesellschaft vorführe, beruhen auf gleichen Grundsätzen wie die Wechselstrom-Transformatoren, und bezieht sich das über die letzten Gesagte auch auf jene.

Meine Herren, ich hoffe hierdurch die so sehr verbreitete Meinung, daß Transformatorenanlagen nicht rentieren können, namentlich wegen enormer Verluste des Tages, nunmehr grundlos gemacht zu haben. Demgemäß verschwinden auch die letzten Bedenken gegen Einführung des Drehstromes bei Fernleitung und Verteilung." —

An der Besprechung des Vortrages nahm u. a. der damalige Ingenieur H. Görges teil. Er führte aus: Ich möchte mir erlauben, im Anschluß an diesen Vortrag noch einige Worte über eine Methode zu sagen, die Kosten der Ummagnetisierung im Transformator direkt und ganz unabhängig vom Verbrauch zu berechnen. Denkt man sich eine Transformatoranlage fertig und in Betrieb, so wird man mit einer bestimmten Ummagnetisierungsarbeit und außerdem mit einer bestimmten maximalen Stromwärme zu tun haben. Wenn man nun die Kupfermenge im Transformator vergrößert, so wird naturgemäß damit die Ummagnetisierungsarbeit sinken; es werden also die Kosten für die Kohlen geringer, dagegen die Kosten für die Verzinsung und Amortisation des Kupfermateriales größer werden. Ich kann also beide Größen direkt gegeneinander ausbalancieren und, indem ich die Kosten für die Verzinsung und Amortisation des Kupfermateriales aufstelle und ihnen die Kosten für die Kohlen hinzufüge, die für die Gesamtarbeit zur Ummagnetisierung in einem Jahre nötig sind (wobei die Stromwärme fortfällt), einen Ausdruck finden, der die Gesamtkosten darstellt. Wenn man diesen Ausdruck einfach formt, so ist es nicht schwer, das Minimum hierfür zu finden. Der Gedankengang ist kurz folgender:

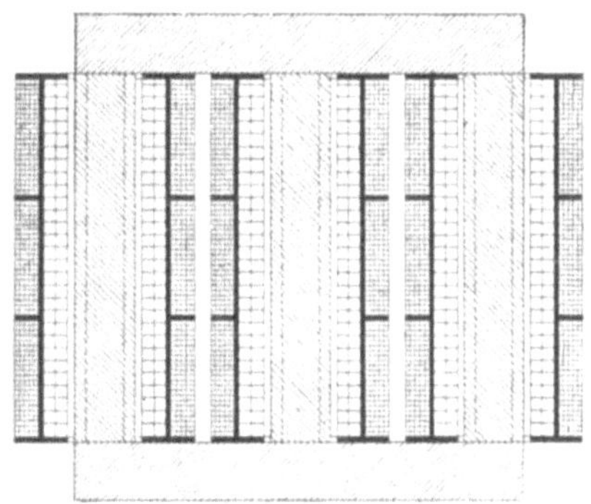

Abb. 15.

Das Kupfergewicht kann man im allgemeinen umgekehrt proportional dem Quadrat des Magnetismus setzen. Die einzige Voraussetzung, die dabei nicht genau erfüllt ist, ist die, daß die mittlere Länge einer Windung konstant bleibt, also: $\frac{a}{M^2}$. Wenn man einen bestimmten Zinssatz und Amortisationssatz für die Kupfermenge annimmt, wird dieser

Ausdruck für die Kosten des Kupfers ebenfalls gelten. Zweitens kann man annehmen, daß die Verluste durch die Ummagnetisierungsarbeit ungefähr proportional sind dem Quadrat des Magnetismus. Das gilt für die Foucault-Ströme genau, für die Hysteresis ist es nicht ganz genau, sondern der Exponent ist 1,6 wie Herr v. Dolivo-Dobrowolsky vorhin erwähnt hat. Alles in allem genommen kommt daher vielleicht der Exponent 1,8 heraus; ich mache einen kleinen Fehler, setze statt dessen 2, und dann ist das zweite Glied $b \cdot M^2$, und die ganzen Kosten werden dargestellt durch den Ausdruck $\frac{a}{M^2} + b \cdot M^2$. Von diesem Ausdruck kann ich sehr leicht das Minimum suchen und damit eine bestimmte Formel für den Magnetismus aufstellen.

Die genaue Rechnung ist folgende: Es sei

γ das spezifische Gewicht des Kupfers,
p die Gesamtwindungszahl auf eine der Spannungen reduziert,
l die mittlere Länge einer Windung in m, gleich einer Konstante gesetzt,
q der Drahtquerschnitt in Millimeter,
k der spezifische Widerstand des Kupfers,
W der Drahtwiderstand der gesamten Wicklung, auf eine der Spannungen reduziert.

Dann ist das Kupfergewicht G_{cu}

$$G_{cu} = 10^{-3} \frac{\gamma k l^2}{W} \cdot p^2. \tag{1}$$

Es sei weiter

M die Induktion, d. h. die Kraftlinienzahl pro Quadratzentimeter,
n die Zahl der ganzen Wechsel in der Sekunde,
E die induzierte EMK,
Q der Eisenquerschnitt,

so ist

$$p = 2 \frac{\sqrt{2} \cdot 10^8 \cdot E}{2\pi n Q} \cdot \frac{1}{M}. \tag{2}$$

Aus (1) und (2) erhält man

$$G_{cu} = 10^{-3} \cdot 4 \frac{\gamma k l^2}{W} \cdot \left(\frac{\sqrt{2} \cdot 10^8 \cdot E}{2\pi n Q}\right)^2 \cdot \frac{1}{M^2}. \tag{3}$$

Nun kann man die Vollarbeit A ohne wesentlichen Fehler gleich dem Produkt aus der EMK E und der maximalen Stromstärke J setzen. Bezeichnet man weiter mit σ die maximale Gesamtstromwärme in Teilen der Vollarbeit in jeder der beiden Wicklungen, so ist

$$\frac{E^2}{W} = \frac{E^2 J^2}{J^2 W} = \frac{A^2}{\sigma \cdot A} = \frac{A}{\sigma} \tag{4}$$

und hiermit wird aus (3),

$$G_{cu} = 10^{-3} \cdot 4 \gamma k l^2 \cdot \left(\frac{\sqrt{2} \cdot 10^8}{2\pi n \cdot Q}\right)^2 \cdot \frac{A}{\sigma} \cdot \frac{1}{M^2}. \tag{5}$$

Die Kupferkosten K_{cu} sind dem Kupfergewicht G_{cu} proportional, also

$$K_{cu} = \varrho_{cu} \cdot G_{cu}.$$

Hierin bedeutet ϱ_{cu} die Verzinsungs- und Amortisationskosten des Kupferdrahtes für ein Jahr und ein Kilogramm. Wir erhalten daher als erste Hauptformel

$$K_{cu} = \left[10^{-3} \cdot \gamma k l^2 \cdot \left(\frac{\sqrt{2} \cdot 10^8}{2\pi n Q}\right)^2 \times \frac{A}{\sigma} \cdot \varrho_{cu}\right] \cdot \frac{1}{M^2}. \tag{I}$$

Den Klammerausdruck hatte ich vorhin gleich a gesetzt.

Es seien nun weiter

K_{fe} die Eisen-, d. h. die Kohlenkosten für ein Jahr,
ϱ_{fe} die Kohlenkosten für 1 Wattjahr,
G_{fe} das Eisengewicht des Transformators,
A_{fe} der Arbeitsverlust im Eisen durch Ummagnetisierung in Watt,
ϑ die Konstante in der Formel

$$A_{fe} = \vartheta \cdot (Mn)^2.$$

Man findet ϑ, indem man die Kurve zeichnet, deren Ordinaten A_{fe} und deren Abszissen Mn darstellen und diese Kurve in der Gegend des wahrscheinlichen Wertes von (Mn) durch eine Parabel ersetzt, deren Scheitel in den Nullpunkt und deren Achse in die Ordinatenachse fällt. Man findet nun die Kohlenkosten K_{fe}

$$K_{fe} = \varrho_{fe} \cdot A_{fe} \cdot G_{fe} = [\varrho_{fe} \cdot \vartheta \cdot G_{fe} \cdot n^2] \cdot M^2. \tag{II}$$

Den Klammerausdruck dieser Formel hatte ich vorhin mit b bezeichnet.

Wir haben jetzt daher die Gleichungen

$$\left.\begin{aligned} K &= \frac{a}{M^2} + b \cdot M^2 \\ a &= 10^{-3} \cdot 4\gamma k l^2 \cdot \left(\frac{\sqrt{2} \cdot 10^8}{2n\pi Q}\right)^2 \cdot \frac{A}{\sigma} \cdot \varrho_{cu} \\ b &= \varrho_{fe} \cdot \vartheta \cdot G_{fe} \cdot n^2. \end{aligned}\right\} \tag{III}$$

Hieraus ergibt sich das Minimum für K, wenn

$$M^4 = \frac{a}{b} \tag{6}$$

und

$$K = 2 \cdot \sqrt{ab}, \tag{7}$$

woraus noch

$$K = 2b \cdot M^2 \tag{8}$$

folgt.

Setzt man die Werte für a und b ein, so erhält man

$$M = \sqrt{\left[\frac{\gamma k l^2}{10^3} \cdot \left(\frac{\sqrt{2} \cdot 10^8}{2n\pi Q}\right)^2 \cdot \frac{4}{\vartheta n^2}\right] \cdot \frac{A}{G_{fe}} \cdot \frac{\varrho_{cu}}{\varrho_{fe}} \cdot \frac{1}{\sigma}} \tag{IV}$$

$$K = 4 \times \sqrt{\left[\frac{\gamma k l^2}{10^3} \cdot \left(\frac{\sqrt{2} \cdot 10^8}{2n\pi Q}\right)^2 \cdot \vartheta n^2\right] \cdot A \cdot G_{fe} \cdot \varrho_{cu} \varrho_{fe} \cdot \frac{1}{\sigma}} \tag{V}$$

$$K_{fe} = \cdot \vartheta n^2 \cdot \varrho_{fe} \cdot G_{fe} \cdot M^2. \tag{VI}$$

Es stellt sich also heraus, daß der Magnetismus, den man wählen muß, d. h. die Kraftlinienzahl für einen Quadratzentimeter proportional der vierten Wurzel aus einem Ausdruck sein muß, in dessen Zähler die Volleistung und die Kupferkosten, in dessen Nenner Eisengewicht, Kohlenkosten und Stromwärme stehen. Fallen die Kohlenkosten ϱ_{fe} fort, wie es ganz oder nahezu bei dem Betrieb durch Wasserkraft der Fall ist, so muß man den Magnetismus möglichst hoch, nämlich so hoch es die Erwärmung des Transformators gestattet, wählen. Je größer aber die Kohlenkosten sind, um so geringer muß der Magnetismus sein. Dabei kann man den maximalen Spannungsverlust noch beliebig annehmen.

Ich denke mir nun, daß aus Fabrikationsrücksichten die Dimensionen des Eisenkerns ein für allemal feststehen und daß nur die Kupferwicklung je nach dem Zwecke eine andere ist. Die Kohlenkosten sind aus den Kosten für ein Wattjahr zu berechnen, wobei das Jahr zu 365mal soviel Stunden anzunehmen ist, wie der Transformator täglich in Betrieb ist.

Ich habe nun die Rechnung an einem Transformator von 80 kg Eisengewicht für 5000 Watt Leistung durchgeführt. Dabei sind folgende Zahlen zugrunde gelegt worden, die sich auf Dauerbetrieb, Berliner Preise und mittelgroße Dampfmaschinen beziehen:

0,255 kg Kohle für 1 Lampenbrennstunde.

Daher

39,1 kg Kohle für 1 Wattjahr.

1 Doppelzentner Steinkohle 1,80 M.

1 kg isolierter und aufgewickelter Kupferdraht im Ausgang 3 M.

Verzinsung des Drahtes 4 %, Amortisation (je nach der Spannung verschieden zu bemessen) 7,5 %, zusammen 11,5 %.

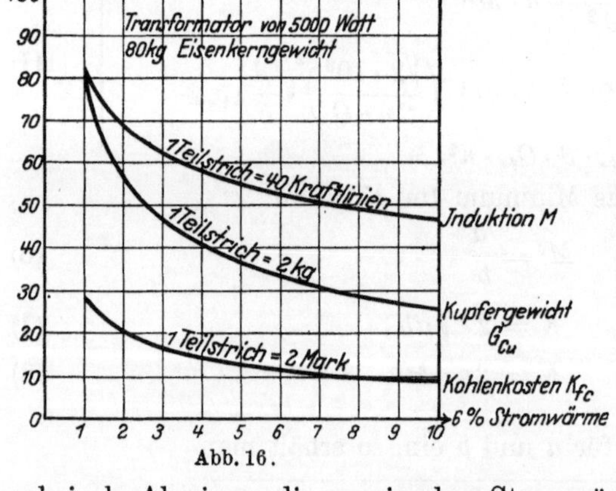

Abb. 16.

Daraus ergibt sich

$\gamma = 9,$
$k = 0{,}0190$ (warm),
$l = 0{,}5$ m,
$n = 50$ Wechsel,
$Q = 100\ \text{cm}^2,$
$A = 5000$ Watt,
$G_{fe} = 80$ kg,
$D = 3{,}75 \cdot 10^{-11},$
$\varrho_{cu} = 0{,}35$ M.,
$\varrho_{fe} = 0{,}70$ M.

Die Resultate sind in Abb. 16[1] dargestellt, wobei als Abszissen die maximalen Stromwärmen σ gewählt sind.

Nun kann man einen Schritt weitergehen. Nach Formel V können die Magnetisierungskosten durch einen Ausdruck

$$\sqrt{\frac{c}{\sigma}}$$

[1] In der Abbildung lies σ % Stromwärme statt 6 %.

dargestellt werden, worin c eine Konstante und σ die maximale Stromwärme in Bruchteilen der Volleistung bedeutet. Die Kosten der Stromwärme sind aber jedenfalls σ proportional, also gleich $d \cdot \sigma$ zu setzen. Der Faktor ist wieder aus dem Wattjahr zu berechnen, dessen Wert wie vorhin aus den Wattstunden, der Dauer des Betriebes und der Belastung in allerdings etwas umständlicher Weise bestimmt werden kann. Der Transformator wird also am günstigsten bei derjenigen maximalen Stromwärme σ arbeiten, für die der Ausdruck

$$\sqrt{\frac{c}{\sigma}} + d \cdot \sigma$$

ein Minimum wird. Diese Rechnung, die keine Schwierigkeiten hat, wird meistens nur eine theoretische Bedeutung haben, da die Bestimmung der Stromwärme sich in der Regel nach anderen Gesichtspunkten richten wird.“

IV.

Über die Vorausbestimmung des Spannungsabfalles bei Transformatoren.

Vortrag, gehalten in der außerordentlichen Sitzung des Elektrotechnischen Vereins am 14. März 1895[1].

Von Gisbert Kapp.

Die Bestimmung des Spannungsabfalles durch direkte Messung ist besonders bei großen Transformatoren mit Schwierigkeiten verbunden. Erstens muß man über eine große Betriebskraft verfügen, zweitens gebraucht man dazu einen Widerstand oder anderen Apparat, der imstande ist, bedeutende Energiemengen aufzunehmen, und drittens muß man die Phasenverschiebung im sekundären Stromkreis kennen. Sind alle diese Bedingungen erfüllt, so gibt die direkte Messung wohl den Spannungsabfall für diese Phasenverschiebung, nicht aber für andere Werte derselben. Ein solcher Versuch gibt also keinen vollständigen Aufschluß über das Verhalten des Transformators in bezug auf Spannungsabfall. Die im folgenden beschriebene Methode macht es möglich, auf Grund eines sehr einfachen Versuches, zu welchem wenig Betriebskraft und keinerlei Widerstände oder Energie aufnehmende Apparate nötig sind, den Spannungsabfall für jede Belastung und für jede positive oder negative Phasenverschiebung im voraus zu berechnen.

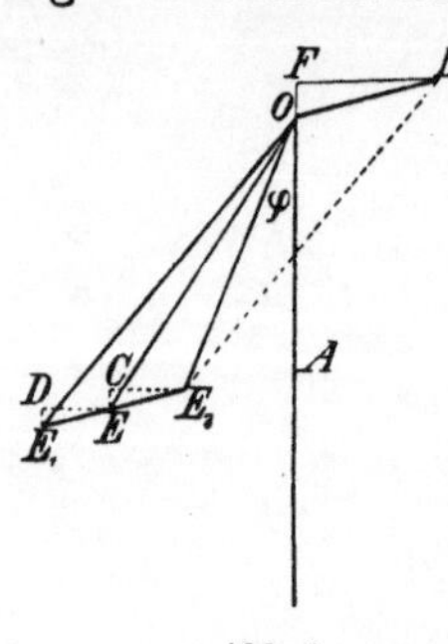

Abb. 1.

Die Grundlage der Methode ergibt sich unter Benutzung des Vektordiagrammes wie folgt: Es sei Abb. 1 OA der Vektor des Stromes in der sekundären Spule und OE_2 der Vektor der sekundären Klemmenspannung, wobei φ die durch Induktion im äußeren Stromkreis hervorgebrachte Phasenverschiebung ist. Hätte der äußere Stromkreis nicht Induktion, sondern Kapazität, so würde φ negativ werden, d. h. OE_2 würde auf der anderen Seite von OA liegen. Die in der sekundären Spule induzierte EMK muß offenbar drei Komponenten enthalten. Erstens die Komponente OE_2, zweitens eine Komponente, welche zur Deckung des Ohmschen Spannungsverlustes dient und deren Vektor mit OA gleichgerichtet ist, und drittens eine Komponente, welche der EMK der Selbstinduktion in der sekundären Spule das Gleichgewicht hält,

[1] ETZ. 1895, S. 260.

im Diagramm also durch einen horizontalen und nach links gerichteten Vektor dargestellt wird. Bezeichnen CE und E_2C die letzteren Komponenten der Größe und Lage nach, so ist OE der Vektor der induzierten EMK der Größe und Lage nach. Die gleiche Konstruktion können wir für die Primärspule durchführen, wobei wir natürlich von dem Vektor OE ausgehen. Um den letzteren nun nicht entsprechend dem Umsetzungsverhältnis m verlängern zu müssen, können wir uns die Wicklung der Primärspule in Gruppen zerlegt und diese so untereinander verbunden denken, daß m Drähte parallel verbunden sind. Die primäre Spannung würde dann auf das $\frac{1}{m}$-fache vermindert, die primäre Stromstärke auf das m-fache vermehrt und der Widerstand der Primärspule auf das $\frac{1}{m^2}$-fache vermindert werden. Das Umsetzungsverhältnis würde dann 1 sein, und beide Spulen würden die gleiche Anzahl Windungen haben. Der Vektor OE gibt also jetzt die induzierte EMK sowohl in der Sekundär-, als auch in der Primärspule. Die primäre Klemmenspannung muß nun drei Komponenten enthalten: Erstens OE, zweitens eine Komponente zur Überwindung des Ohmschen Widerstandes und drittens eine Komponente, welche der EMK der Selbstinduktion das Gleichgewicht hält. Die Größe und Lage der betreffenden Vektoren hängt natürlich vom primären Stromverkehr ab. Nun liegt bei modernen Transformatoren mit geschlossenem magnetischen Stromkreis der Vektor des Primärstromes beinahe genau in der Verlängerung des Vektors des Sekundärstromes, weil die zur Magnetisierung nötigen Amperewindungen, verschwindend klein sind gegen die Amperewindungen, welche in jeder Spule einzeln genommen bestehen. Wir können deshalb ohne merklichen Fehler die Annahme machen, daß der Vektor des Primärstromes in Abb. 1 vertikal steht. Dann muß der Vektor des Ohmschen Spannungsverlustes auch vertikal und jener der EMK der Selbstinduktion horizontal stehen. Letzterer sei ED und ersterer DE_1. Wir erhalten somit OE_1 als den Vektor der primären Klemmenspannung. Die gegenseitige Lage der Punkte E_2 und E_1 ist nur abhängig von der sekundären Stromstärke, den Widerständen der beiden Spulen und jenen elektromotorischen Kräften, welche durch Selbstinduktion in den Spulen hervorgerufen werden. Sie ist nicht abhängig von der Phasenverschiebung und Klemmenspannung im äußeren sekundären Stromkreis. Die Entfernung $E_1 E_2$ ist der Stromstärke direkt proportional, während die Neigung dieser Linie von Widerstand und Induktanz abhängt. Machen wir OB gleich und parallel zu $E_1 E_2$, so ist BE_2 die primäre Klemmenspannung und OE_2 die sekundäre, und zwar für jene Stromstärke, für welche OB die für Widerstand und Induktanz nötige EMK darstellt.

Diese EMK läßt sich leicht durch folgenden Versuch bestimmen. Man schließt die sekundären Klemmen des Transformators unter Einschaltung eines Amperemeters kurz und versieht die Primärklemmen mit Strom der richtigen Periodenzahl und solcher Spannung, daß der normale Sekundärstrom im Amperemeter angezeigt wird. Die zu diesem

Versuch nötige Betriebskraft ist sehr gering, da sie lediglich zur Deckung der Stromwärme in den Spulen verwendet wird. Wenn wir die so ermittelte Primärspannung (welche natürlich nur einen kleinen Bruchteil der Primärspannung bei normalem Betriebe ausmacht) durch m dividieren, so erhalten wir die Länge OB. Um die Neigung von OB zu finden, brauchen wir bloß den Ohmschen Spannungsverlust aus den als bekannt anzusehenden Widerständen der Spulen zu berechnen und vertikal aufzutragen. Es sei das der Vektor OF in Abb. 2. Dann ist FB die EMK der Selbstinduktion bei der beobachteten Stromstärke. Da OB der Stromstärke proportional ist, so fällt bei Leerlauf B mit O und E_1 mit E_2 (Abb. 1) zusammen; d. h. die primäre und sekundäre Klemmenspannung sind bei Leerlauf einander gleich, wie das ja auch der Annahme des Übersetzungsverhältnisses 1 : 1 entspricht. Wenn wir nun in Abb. 2 aus den Punkten O und B Kreise beschreiben, deren Radien nach dem für OB gewählten Maßstabe die sekundäre Klemmenspannung beim Leerlauf darstellen, so ist unter Vergleich mit Abb. 1 sofort klar, daß das auf irgendeinem Vektor zwischen den zwei Kreisen abgeschnittene Stück a den Spannungsabfall darstellt, welcher bei der durch die Stellung des Vektors gegebenen Phasenverschiebung φ eintritt. Ist infolge der Kapazität die Phasenverschiebung negativ, so kann das abgeschnittene Stück a' außerhalb des Endpunktes des Radius liegen; es findet dann nicht ein Abfall, sondern eine Vermehrung der Spannung statt. Bei einem gewissen Voreilungswinkel des Stromes, welcher dem Schnittpunkt beider Kreise entspricht, findet weder Spannungsabfall noch Spannungsvermehrung statt.

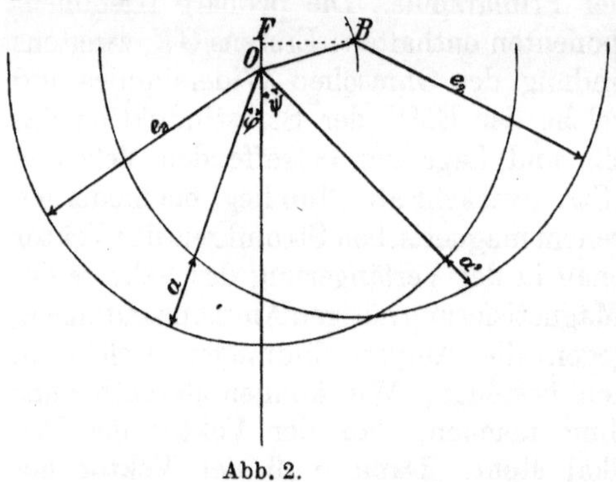

Abb. 2.

Für andere Stromstärken muß der Punkt B auf der Linie OB entsprechend verschoben werden, die Radien der Kreise sowie die Konstruktion bleiben jedoch dieselben. Wird ein Flüssigkeitswiderstand bei Prüfung der Transformatoren verwendet, so erhält der Stromkreis dadurch Kapazität; es wird also die Stromphase verfrüht und die direkte Messung gibt einen zu kleinen Spannungsabfall; sie kann unter Umständen sogar Spannungserhöhung geben und so zu einer ganz irrtümlichen Beurteilung des Transformators führen.

Die graphische Konstruktion (Abb. 2) gibt auch Anhaltspunkte zur Beurteilung des Einflusses der Periodenzahl. Unter der Annahme, daß die Spulenanordnung in allen Fällen mit Rücksicht auf möglichst geringe Streuung getroffen wird, und auch der Widerstand in den praktisch möglichen Grenzen bleibt, rückt der Punkt B mit abnehmender Periodenzahl näher an F heran, und wenn der Transformator zur Speisung induktiver Stromkreise (Motor- und Bogenlampenbetrieb) verwendet wird, so wird der Spannungsabfall durch Verminderung der Periodenzahl kleiner, durch Vermehrung derselben größer. Da nun ein möglichst kleiner Spannungsabfall anzustreben ist, so empfiehlt es sich, die Periodenzahl niedrig zu wählen. Um bei Bestellungen von Transformatoren eine Grenze für den noch zulässigen Spannungsabfall festzusetzen, möchte ich vorschlagen, daß man die Primärspannung vorschreibt, unter welcher der volle Sekundärstrom bei kurzgeschlossenen Klemmen in der Sekundärspule erzeugt wird. Eine solche Bedingung ist einfach und leicht nachzumessen und genügt vollkommen zur Charakterisierung des Transformators.

An der anschließenden Besprechung des Vortrages beteiligten sich der Chefelektriker von Dolivo-Dobrowolsky und der damalige Oberingenieur Görges.

V.

Zur Geschichte des Elektrizitätszählers[1].

Von Oberingenieur **W. Stumpner**, Nürnberg.

Wenn man in den Annalen der Zählergeschichte die ersten Blätter aufschlägt, so stößt man auch hier wie in allen anderen Zweigen der Elektrotechnik auf die Namen der beiden Altmeister Th. A. Edison und Werner Siemens. Hat ersterer zunächst den elektrotechnischen Zähler in die Praxis eingeführt, so hat letzterer die Vorarbeiten für den so wichtig gewordenen Motorzähler geleistet.

Ganz natürlich war es, daß man am Anfang die durch das Faradaysche Gesetz längst bekannte und wissenschaftlich genau erforschte elektrolytische Zersetzung zur Messung der in einem Stromkreis verbrauchten Energie heranzuziehen suchte. In den Jahren 1880 bis 1882 bereits nahm Edison (Abb. 1) eine Anzahl von Patenten, die sich darauf beziehen, die Mängel des Voltameters als Meßinstrument zu beseitigen, die hauptsächlich durch die große Temperaturabhängigkeit und die stets wechselnde Stromdichte hervorgerufen wurden. Sehr lästig und zeitraubend war auch das Auswägen der Platten, weshalb Edison einen sinnreichen Mechanismus erfand, der die Polarität der an einem Waagebalken aufgehängten Elektroden periodisch wechselte und die durch die Gewichtsänderung der Platten auf den Waagebalken bewirkte Bewegung auf ein Zählwerk übertrug. Ein solcher Zähler[2] erregte auf der Pariser Internationalen Elektrizitätsausstellung 1881 berechtigtes Aufsehen (Abb. 2). In die Praxis scheint er sich aber nicht eingeführt zu haben, denn die in der Pearlstation in Neuyork 1883 eingebauten Zähler (Abb. 3) waren je nach Stromstärke einfache ein- oder zweizellige Zinkvoltameter. Die Gewichtsunterschiede der Platten

Abb. 1. Thomas Alva Edison (1880).

---

[1] ETZ 1926, S. 601—605, 646—650.

[2] D.R.P. Nr. 16661 vom 23. November 1880 und Nr. 23909 vom 8. November 1882.

wurden im Laboratorium bestimmt. Solche Zähler wurden in den achtziger Jahren in allen Elektrizitätswerken Europas und Amerikas verwendet und z. B. auch 1885 in Berlin neben dem bekannten Aronzähler zugelassen. Höheren Anforderungen konnte aber der Zähler nicht genügen, insbesondere erregte er auch das Mißtrauen der Abnehmer, da eine Verbrauchskontrolle ihrerseits unmöglich war.

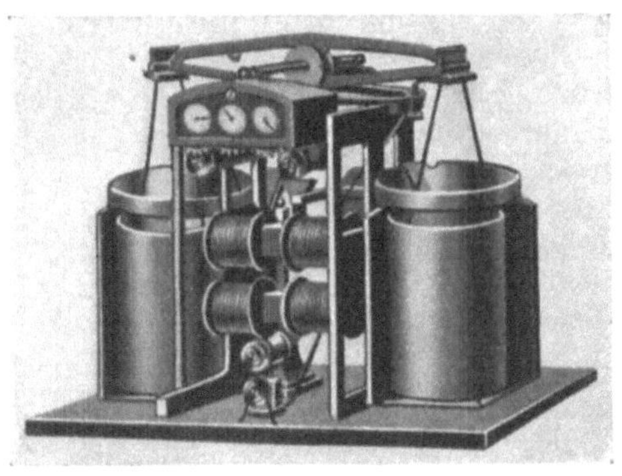

Abb. 2. Edisons elektrochemischer Zähler (1884).

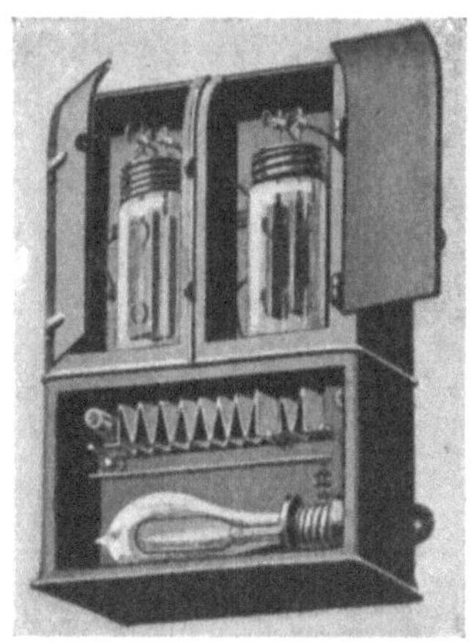

Abb. 3.

Den ersten technisch brauchbaren Zähler schuf H. Aron (Abb. 4) mit seinem Pendelzähler. Das Prinzip, nämlich die Veränderung der Schwingungsdauer eines elektrischen Pendels durch den Strom, wurde

Abb. 4. Hermann Aron.

Abb. 5. W. R. Aryton.

von Ayrton (Abb. 5) und Perry schon 1881[1], jedoch erfolglos, zur Messung der elektrischen Arbeit versucht. Ohne hiervon Kenntnis zu haben, hat Aron nach dem gleichen Prinzip gearbeitet und seine Er-

[1] Engl. Pat. Nr. 2642.

findung in dem grundlegenden D.R.P. 30207 vom 15. Juni 1884 niedergelegt. Bei der ersten Ausführung (Abb. 6) wurde eine normale Uhr benützt, an deren Pendelstange ein permanenter Magnet bzw. eine von der Spannung erregte Spule befestigt war, je nachdem der Zähler Amperestunden oder Wattstunden zählen sollte. Die Pendelschwingungen wurden von dem Feld einer festen, im Hauptstromkreis liegenden Spule beeinflußt. Die durch den Stromdurchgang hervorgebrachte Abweichung von der richtigen Zeit wurde anfangs vom Ableser durch Vergleich mit seiner Taschenuhr festgestellt[1]. Diese Unbequemlichkeit wurde beseitigt, indem neben jedem Zähler eine Normaluhr eingebaut und die Gangdifferenz beider Uhren zunächst mittels Schnurlauf, später durch ein Differentialgetriebe auf ein Zählwerk übertragen wurde. In letzterer Form hat der Zähler als einzig technisch brauchbarer Zähler jahrelang den ersten Platz eingenommen und eine große Verbreitung gefunden. Eine ganz besondere Verbesserung (Abb. 7) brachte noch die Verwendung zweier ganz kurzer Pendel, deren jedes eine Spannungsspule trug. Zwecks Ausschaltung der Gangdifferenz wurden die Spulen periodisch umgepolt. Gleichzeitig wurde der Handaufzug der Uhr durch einen elektrischen Aufzug ersetzt[2].

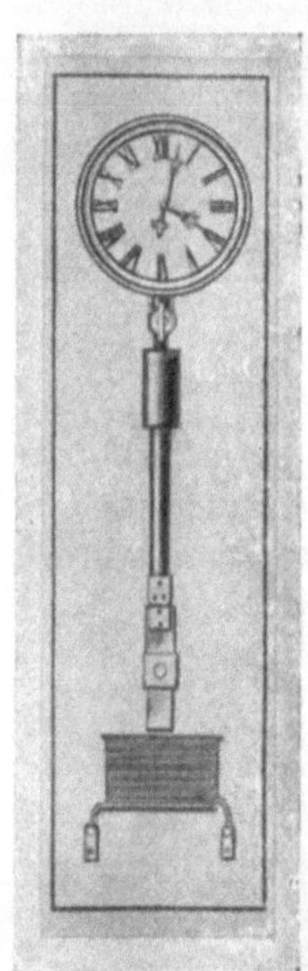

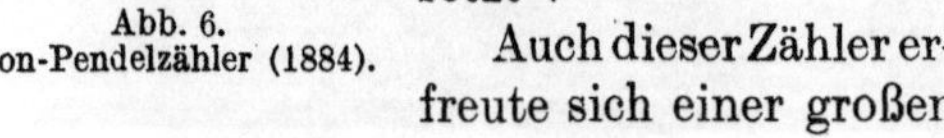

Abb. 6. Aron-Pendelzähler (1884).

Abb. 7. Aron-Pendelzähler (1899).

Auch dieser Zähler erfreute sich einer großen Beliebtheit, bis er allmählich durch den viel einfacheren Motorzähler verdrängt wurde. In Edisons Patentschrift Nr. 18765 vom 13. Mai 1881 scheint zuerst der Gedanke verwertet zu sein, den elektrischen Motor als Zählapparat zu verwenden. Da bei ihm Anker und Feldwicklung in Reihe oder parallel geschaltet waren, so war sein Drehmoment dem Quadrate der Stromstärke proportional. Es mußte deshalb ein quadratisches Glied als Dämpfung eingeführt werden (Luft- oder Öldämpfung), um eine der Stromstärke proportionale

[1] Aron: ETZ 1884, S. 480. [2] Aron: ETZ 1899, S. 372.

Drehzahl zu erhalten. Irgendeine Bedeutung für die Praxis hat der Apparat offenbar nicht erlangt.

Werner Siemens (Abb. 8) hat auf der Internationalen Elektrizitätsausstellung in Wien 1882 einen Motorzähler seines Bruders Wilhelm (Abb. 9) ausgestellt, von dem wir eine Beschreibung von Marcell Deprez besitzen[1]. Der Anker des Apparates war unmittelbar an die Spannung angeschlossen. Die ihn umschließenden Feldmagnete wurden vom Hauptstrom durchflossen. Wir haben hier also bereits einen Wattstundenzähler vor uns, bei dem alles Eisen, sowohl im Anker als auch im Hauptstrom, vermieden wird. Zur Erzeugung der nötigen Bremsung war der ganze Apparat unter Öl gesetzt. Seine Drehzahl konnte, wie Marcell Deprez in dem vorerwähnten Aufsatz erkannt hat, deshalb nicht den zugeführten Watt proportional sein. Dies ist, wie weiter ausgeführt wird, nur durch eine magnetische Bremsung (Metallscheibe rotierend zwischen den Polen permanenter Magnete) zu erreichen. Diese Art Bremsung wurde bereits 2 Jahre früher von Ayrton und Perry in ihrem englischen Patent Nr. 2642 erwähnt. Bei einer später veröffentlichten Konstruktion von Werner von Siemens[2] war entsprechend dem Patent Nr. 40632 ebenfalls die magnetische Bremse angewendet. Dieses Patent wurde jedoch später gelöscht, da die Firma offenbar erkannt hat, daß dasselbe nach den obenerwähnten Vorveröffentlichungen nicht weiter haltbar sei[3].

Abb. 8. Werner Siemens.

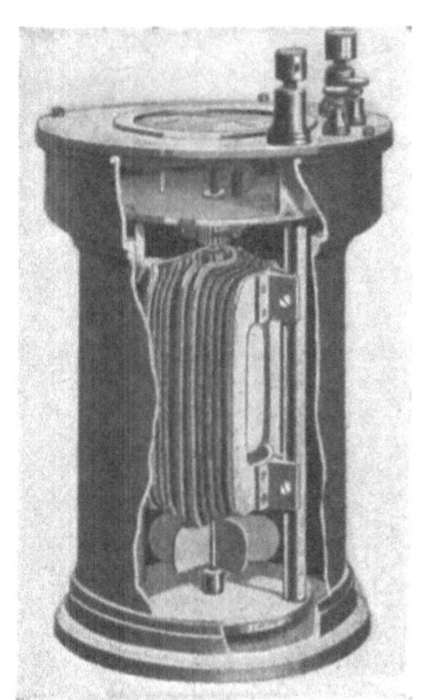

Abb. 9. Wilhelm-Siemens-Motorzähler (1882).

Alle diese Frühkonstruktionen krankten daran, daß die Proportionalität zwischen Drehmoment und zugeführter Leistung sehr unbefriedigend war, insbesondere wegen der großen und stark variablen Reibung. Dem suchte man zunächst beizukommen, indem man sehr hohe Drehmomente erreichen wollte und deshalb

[1] Lumière Electrique vom 2. Februar 1884, S. 223.
[2] Siemens, Werner v.: Wissenschaftliche und Technische Arbeiten, Bd. 2, S. 511.
[3] Gobanz: ETZ 1901, S. 743.

sowohl in den Anker als auch in die Feldmagnete Eisen brachte. So hatte eine der ersten Konstruktionen von S. Schuckert, Nürnberg, aus dem Jahre 1886 Abmessungen wie heute ein $^1/_2$pferdiger Motor. Aber sehr

Abb. 10. Georg Hummel.

Abb. 11. Hummelzähler der Schuckert-Gesellschaft (1891).

Abb. 12. Elihu Thomson.

Abb. 13. Thomsonzähler.

bald erkannte der Chefelektriker Georg Hummel (Abb. 10) dieser Firma, daß man alles Eisen sorgfältig vermeiden müßte, und daß man die am Kollektor und in den Lagern auftretende Reibung durch sehr leichte Bauart des Ankers, durch gute Lager- und Pinselkonstruktionen und äußerst sorgfältige, mechanische Ausführung auf ein konstantes Minimum verringern und die dann noch vorhandene Reibung durch ein kleines auf den Anker wirkendes Hilfsfeld kompensieren müßte[1]. Damit erst war der Motorzähler zu einem brauchbaren Meßinstrument geworden, und auf der elektrotechnischen Ausstellung in Frankfurt a. M. konnten 1891 bereits die ersten fabrikationsmäßig hergestellten Modelle[2] vorgeführt werden (Abb. 11).

Etwa gleichzeitig arbeitete Elihu Thomson (Abb. 12) in Amerika seine Zählerkonstruktion (Abb. 13) aus[3]. Während der Zähler Hummels von Haus aus ein Amperestundenzähler war — er benützte zur Dämpfung hochgesättigte Elektromagnete, deren Wicklung zugleich als Vorwiderstand diente, und mit denen die Hilfsspule in Reihe an die Spannung angeschlossen war —, war der Zähler Thomsons ein Wattstundenzähler. Zur Dämpfung waren Stahlmagnete verwendet. Der Anker lag unter Vorschaltung eines großen Widerstandes an der Spannung. Die Reibungskompensation fehlte zunächst. Der Zähler konnte erst richtig lebensfähig werden, nachdem die Thomson-Houston-Gesellschaft das Patent Hummels auf die Hilfsspule angekauft hatte.

Da die elektromagnetische Dämpfung mancherlei Unannehmlichkeiten mit sich brachte, so ging auch die Schuckert-Gesellschaft 1894 dazu über, dieselbe durch eine Stahlmagnetdämpfung zu ersetzen. Seitdem liegt der Typus des elektrodynamischen Wattstundenzählers: feste Hauptstromspulen vom Strom durchflossen, Anker in Serie mit den Vorwiderständen und Hilfsspule an Spannung liegend, fest. Die Modelle der verschiedenen Firmen, die später den Bau dieser Zähler übernommen haben, unterscheiden sich im wesentlichen nur durch die konstruktive Ausbildung.

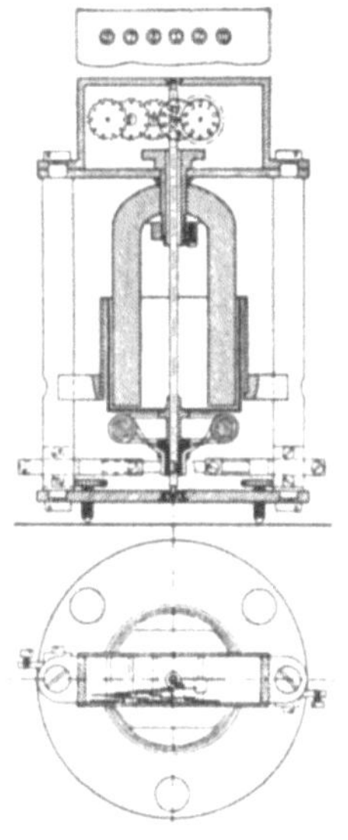

Abb. 14. Werner-Siemens-Magnetmotorzähler.

Eine besondere Bedeutung für Gleichstromanlagen erlangte neben dem elektrodynamischen Motorzähler der Magnetmotorzähler, bei dem die Feldmagnete durch permanente Stahlmagnete gebildet werden. Der Anker, an einem vom Hauptstrom durchflossenen Nebenwiderstand abgezweigt, rotiert zwischen den Polen dieser Stahlmagnete. Ein solcher Zähler (Abb. 14) ist bereits in der Siemens-Patentschrift Nr. 40632 vom 20. November 1886 beschrieben worden, jedoch wurde der Zähler (Abb. 15) erst durch O'Keenan[4] 1898 in die Praxis eingeführt. Während bei ersterem der Zählermotor durch eine Wirbelstrombremse abgebremst wurde, vermeidet O'Keenan sorgfältig jede Bremswirkung, insbesondere auch

[1] D.R.P. Nr. 43487 vom 20. September 1887. [2] ETZ 1891, S. 277.
[3] Lumière Electrique vom 20. Dezember 1890, S. 578.
[4] D.R.P. Nr. 108431 vom 15. März 1898.

die durch die Reibung erzeugte, zu dem Zweck, die Drehzahl des Ankers der am Nebenwiderstand herrschenden Spannung genau proportional zu machen. Diese Anordnung führt zu verhältnismäßig hohen Drehzahlen, wodurch die Lagerung und der Stromzuführungsapparat stark beansprucht werden. Alle anderen Firmen verwenden für den Träger der Ankerwicklung eine Metallglocke oder -scheibe und führen damit eine Dämpfung ein. Dieses Zusammenlegen von Wicklung und Dämpfung ist von R. S. White in dem amerikanischen Patent Nr. 21755 vom 15. Oktober 1898 angegeben worden. Die Glocken- und Scheibenanker sind in bezug auf elektrische Eigenschaften wohl gleichwertig, dagegen gibt der Scheibenanker eine einfache übersichtliche Konstruktion, so daß ihm heute meist der Vorzug gegeben wird.

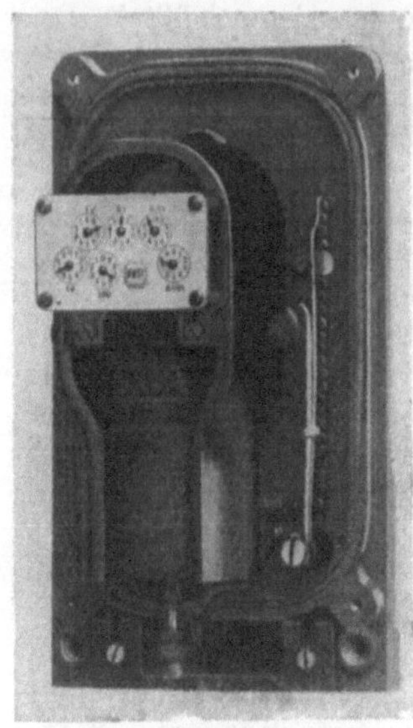

Abb. 15.
O'Keenan-Magnet-Motorzähler.

Der Magnetmotorzähler hat infolge der Bürsten- und Luftreibung eine nach unten abfallende Fehlerkurve. Man hat deshalb die verschiedensten Mittel angewendet, um diese zu verbessern. So kann man nach dem Vorschlag O'Keenans[1] einen von der Spannung unter Verwendung eines großen Vorwiderstandes abgezweigten Teilstrom durch den Anker senden, dessen Größe so gewählt ist, daß das durch ihn verursachte Drehmoment eben die Reibung kompensiert. Ferner kann man das Drehmoment des Ankers ändern, indem man seine neutrale Zone mit der Belastung verschiebt (Bürstenschaukel der Allgemeinen Elektricitäts-Gesellschaft[2], oder indem man die Drehzahl bei Vollast durch Einführung einer mit der Stromstärke wachsenden Dämpfung (Aron) senkt.

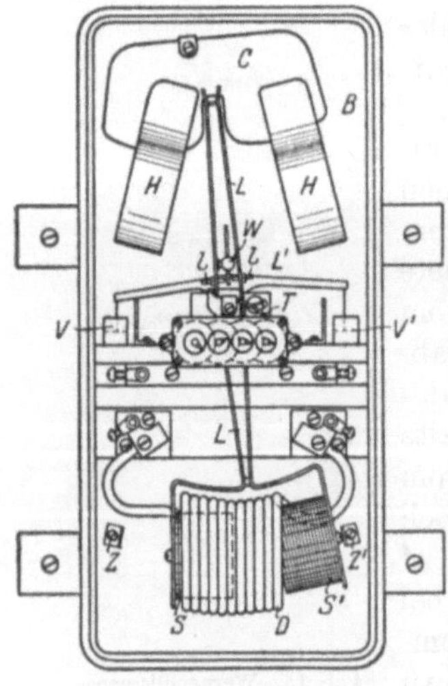

Abb. 16. Oszillierender Zähler nach E. Thomson.

Der empfindlichste Punkt aller Gleichstrommotorzähler ist der Stromzuführungsapparat, der bei fehlerhafter Konstruktion häufig zu Versagungen führen kann bzw. sich im Laufe der Zeit abnützt. Der letztere Nachteil kann vermieden werden, wenn man Kollektoren und Bürsten leicht auswechselbar macht, wie dies z. B. bei den Gleichstromwattstundenzählern der SSW der Fall ist. Anderseits kann der ganze Stromzuführungsapparat entbehrt werden,

[1] D.R.P Nr. 108431. [2] D.R.P. Nr. 191516.

wenn man die rotierende Bewegung des Ankers in eine hin- und hergehende verwandelt. Die erste derartige Konstruktion eines oszillierenden Zählers ist wahrscheinlich von Elihu Thomson[1] angegeben worden (Abb. 16). An einem zweiarmigen Hebel sind an dem einen Arm 2 Spannungsspulen befestigt, die, durch eine Quecksilberwippe wechselweise umgeschaltet, von der feststehenden Hauptstromspule mit einer Geschwindigkeit proportional der Feldstärke der Spulen abgestoßen werden. Die Bewegung des Hebels wird auf ein Zählwerk übertragen. Als bremsendes Moment ist auf dem anderen Arm des Hebels eine zwischen den Polen permanenter Magnete schwingende Kupferplatte angebracht. Der Gedanke wurde Ende der neunziger Jahre etwa gleichzeitig von Lotz[2] und Hummel wieder aufgenommen und konstruktiv zu einem brauchbaren Zähler (Abb. 17) ausgebildet, der heute noch von der AEG mit einigen Änderungen in der Schaltung gebaut wird. In dem Hauptstromfeld sind eine oder 2 Spannungsspulen drehbar angeordnet, in denen die Stromrichtung durch Relais gesteuert wird. Die Bewegung der Spulen, denen der Strom durch feine Silberfäden zugeführt wird, ist durch Anschläge begrenzt, die zugleich die Kontaktgabe für die Relaiserregung geben. Bei jedem Hub des Relaisankers wird das Zählwerk um eine Ziffer fortgeschaltet.

Abb. 17. Oszillierender Zähler nach Hummel.

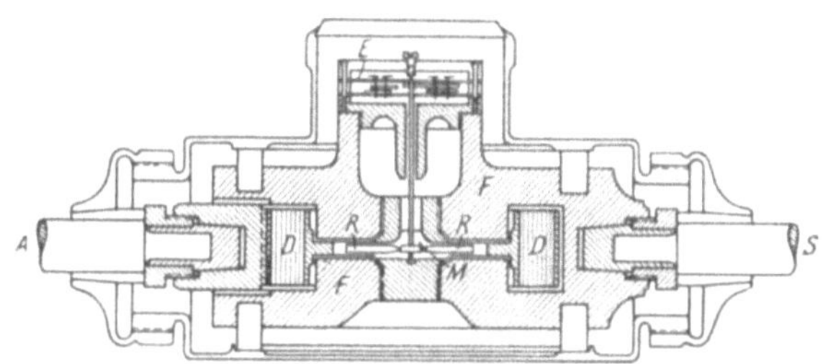

Abb. 18. Ferranti-Quecksilbermotorzähler.

Eine andere Zählertype ohne Kollektor ist der Quecksilbermotorzähler. Charakteristisch für sie ist eine mit Quecksilber gefüllte Kammer zwischen den Polen starker permanenter Magnete oder Elektromagnete und eine in Quecksilber schwimmende Scheibe oder Glocke. Im Jahre 1881 hat Z. Ferranti angefangen, Zähler (Abb. 18) nach diesem Prinzip

[1] Lumière Electrique vom 20. Dezember 1890.
[2] Schweiz. Pat. Nr. 12753 vom 2. Juli 1896.

zu bauen. Bei seiner ersten Konstruktion[1], die in englischen und holländischen Werken eingeführt wurde, war ein sehr massiger Elektromagnet aus Gußeisen verwendet. Der Kammer vom quadratischen Querschnitt wurde der Strom im Mittelpunkt zu-, an der Peripherie abgeführt. Die auf dem Quecksilber schwimmende Kupferplatte, mit der die Achse verbunden war, war ebenfalls quadratisch, zu dem Zweck, die Drehzahl proportional der Stromstärke zu machen und eine gewisse dämpfende Wirkung zu erzielen. Bei Stromdurchgang beginnt das Quecksilber in der Kammer zu rotieren und nimmt die Kupferplatte mit. Da der Zähler auch für Wechselstrom verwendet werden sollte, so erwiesen sich die großen Gußeisenmassen als besonders störend. Ferranti wendete deshalb später einen lamellierten Elektromagneten an, der sowohl von einer Strom- als auch von einer Spannungswicklung erregt wurde[2]. Bei allen diesen Konstruktionen war das Magnetsystem konzentrisch zum Drehpunkt der Scheibe angeordnet. Hiervon ist man später gänzlich abgekommen. Alle neueren Zählermodelle, wie diejenigen der Firmen Ferranti, Reason, Chamberlain und Hookham, Isaria-Zählerwerke[3] usw. haben ein Magnetsystem, das exzentrisch zur Scheibenachse steht.

An Stelle der Elektromagnete sind Stahlmagnete verwendet. Das Quecksilber selbst dient nur zur Stromzuführung.

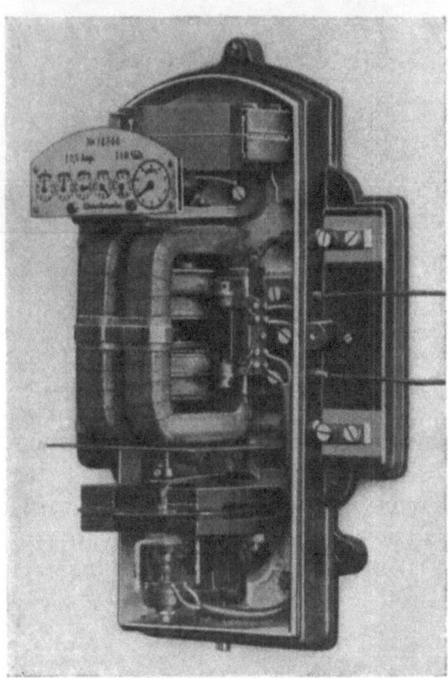

Abb. 19. Peloux-Flügel-Wattstundenzähler.

Bei den früher von Siemens & Halske nach einem Patent von Peloux[4] gebauten sog. Flügelwattstundenzählern (Abb. 19) besteht der Anker nur aus zwei gegeneinander um 90° versetzten Eisenflügeln. Diese Flügel erhalten durch von der Spannung erregte, feststehende Spulen eine bestimmte Polarität und werden deshalb in das von den Hauptstromspulen erzeugte Feld hineingezogen. Durch entsprechende Umschaltung der Spulen mit Hilfe mitumlaufender Bürsten entsteht eine rotierende Bewegung der Flügel.

Der Induktionswechselstromzähler, der heute allein für Wechselstrom angewendet wird, beruht auf dem von Ferraris an-

[1] Zentralbl. El. 1886, S. 65.
[2] Lumière Electrique vom 17. November 1888, S. 325.
[3] Kesseldorfer: ETZ 1911, S. 684.
[4] DRP Nr. 97947 vom 11. Juli 1897.

gegebenen und nach ihm benannten Prinzip der Wechselwirkung zweier in ihrer Phase verschobener Wechselfelder auf eine Metallscheibe oder Glocke. Ferraris hat seine berühmte Arbeit am 18. März 1888 der

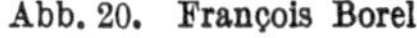

Abb. 20. François Borel.

Abb. 21. Oliver B. Shallenberger.

Turiner Akademie übergeben. Er war damals der Meinung, daß sich sein Prinzip weniger für Motoren als insbesondere für Zähler eignen müßte. Tatsächlich erwies sich seine Erfindung für dieses Gebiet in der Zukunft als außerordentlich wertvoll. Unabhängig von Ferraris hat aber der kürzlich verstorbene Schweizer Borel (Abb. 20) den ersten Induktionszähler, der von Meylan[1] beschrieben wurde, geschaffen. Solche Zähler waren bereits seit 1887 in größerer Anzahl in Vevey-Montreux in Gebrauch und sollen zufriedenstellend gearbeitet haben. Borel hat zweifellos die Arbeit Ferraris nicht gekannt, und ihm gebührt deshalb der Ruhm des Erfinders des Induktionszählers[2].

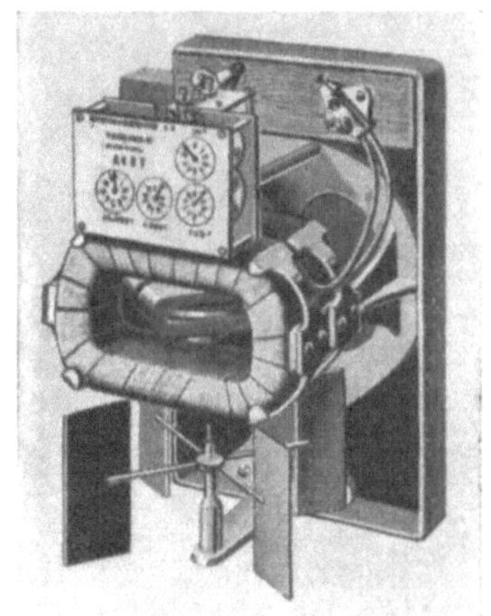

Abb. 22. Shallenberger-Induktions-Amperestundenzähler.

Aber noch an einer dritten Stelle wurde der Induktionszähler unabhängig erfunden. Im April 1888 war der Amerikaner Shallenberger (Abb. 21) mit Versuchen an Bogenlampen beschäftigt, wobei sich eine kleine Feder von dem Mechanismus loslöste und auf den Hauptstrommagnet fiel. Die Feder lag in einer Stellung „where it was affected by

[1] Lumière Electrique vom 14. Juli 1888, S. 51.
[2] Gobanz: ETZ 1901, S. 743.

the lines of force proceeding from the magnet coil, and also from the extended core of soft iron" und rotierte, wie Shallenberger dann feststellte, langsam in gewisser Beziehung zur Stromstärke. Auf dieser Beobachtung weiterbauend, arbeitete der Erfinder den Induktions-Amperestundenzähler (Abb. 22) der Westinghouse A. G. aus[1].

Abb. 23. Titus Bláthy.

Der erste Wattstundenzähler nach dem Induktionsprinzip (der Zähler Borels war ebenfalls nur ein Amperestundenzähler) wurde Ende 1889 von Ganz & Co. nach den Patenten von Bláthy[2] (Abb. 23) in Verkehr gebracht. Seine elektrischen Verhältnisse waren so glücklich gewählt, daß das Stromfeld gegen das Spannungsfeld um nahezu 90° verschoben war, wie es Bedingung ist, wenn der Induktionszähler unabhängig von der Phasenverschiebung reine Wattstunden anzeigen soll. Die Konstruktionen von Hummel[3] und Hartmann & Braun[4] erfüllten diese Bedingungen nicht. Man half sich damit, daß man unterschied zwischen Licht- und Motorenzählern, welch letztere für eine bestimmte Phasenverschiebung geeicht wurden. Die Erreichung einer genauen 90°-Verschiebung ist wegen der Ohmschen Widerstände der Wicklungen nur durch künstliche Mittel möglich. Die erste Lösung dafür fand Raab[5] (Abb. 24). Er überlegte: Wenn das nicht genau auf 90° abgeglichene Ferrarismeßgerät mit wachsender Verschiebung immer größere Minusfehler gibt, so muß es möglich sein, diese Fehler zu beheben, wenn man ein zweites Meßgerät einführt, dessen Zugkraft mit wachsender Verschiebung wächst. Beide Meßgeräte, in ihrer Wirkung richtig gegeneinander abgeglichen, müssen dann für beliebige Verschiebungen richtig zeigen. Die diesen Gedanken zugrunde liegenden Patente wurden von der Schuckert-Gesellschaft erworben und nach ihnen in den Jahren 1895/1896 der nach seinem Erfinder genannte Raabzähler[6] konstruiert (Abb. 25).

Abb. 24. Karl Raab.

Kurze Zeit nach Raab wurde ein zweites Verfahren der Phasenabgleichung durch das amerikanische Belfieldpatent Nr. 548231

[1] Amer. Pat. Nr. 388003 vom 14. August 1888 und Lumière Electrique vom 8. September und 6. Oktober 1888. [2] DRP Nr. 52793 vom 3. September 1889. [3] Hummel: ETZ 1895, S. 522. [4] Bruger: ETZ 1895, S. 677. [5] D.R.P. Nr. 84676 vom 12. April 1895. [6] Möllinger: ETZ 1898, S. 607

vom 15. April 1895[1] bekannt. Nach diesem wird von dem durch die Spannungswicklung erzeugten Spannungsfeld selbst ein zweites um etwa 180° gegen das erste verschobene Spannungsfeld durch eine mit ihm verkettete Sekundärspule induziert, die über einen regelbaren Widerstand geschlossen ist. Das entstehende resultierende Feld läßt sich durch Veränderung des Vorwiderstandes in seiner Phase genau auf 90° einregeln. Das Patent wurde in einem von der Schuckert-Gesellschaft angestrengten Rechtsstreit von dem Raabpatent abhängig erklärt[2].

Weitere Mittel zur Phasenabgleichung, die praktische Bedeutung erlangten, sind angegeben worden von Hummel[3] (Spaltung des Nebenschlußstromes hinter der Vorschaltdrossel durch Parallelschaltung eines

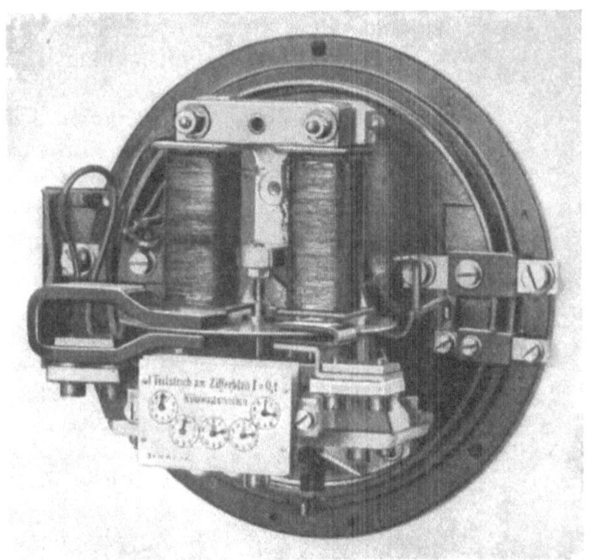

Abb. 25. Raabzähler der Schuckert-Gesellschaft.

induktionsfreien Widerstandes zur Spannungswicklung), von Hartmann & Braun[4] (Serienschaltung eines Spannungseisens mit sehr großem Wattstrom und einer Drossel mit sehr kleinem Wattstrom), von Siemens & Halske[5] (Bildung einer Brückenschaltung mit vorgeschalteter Drossel). Von Stanley[6] (Abgleichung nur durch Streuung und Flußbelastung; seit 1906 von Bergmann angewendet), von AEG[7] (Anwendung eines Nebenschlusses mit Kurzschlußringen zum Stromeisen). Heute wird die Abgleichung fast allgemein dadurch erzielt, daß man dem Spannungseisen sehr viel Streuung gibt, meist so viel, daß eine Überver-

[1] D.R.P. Nr. 92860 vom 23. Oktober 1895. [2] Gobanz: ETZ 1901, S. 744.
[3] D.R.P. Nr. 98897 vom 20. Dezember 1895.
[4] D.R.P. Nr. 102597 vom 16. Mai 1897.
[5] D R.P. Nr. 107846 vom 15. Februar 1899 und Schrottke: ETZ 1901, S. 657.
[6] Amer. Pat. Nr. 658815 vom 2. Oktober 1900.
[7] D.R.P. Nr. 148579 vom 5. März 1903.

schiebung erzielt wird, die entweder durch Vorschalten von Ohmschen Widerständen vor die Spannungswicklung oder durch Auflegen von Kurzschlußwindungen auf das Stromeisen beseitigt wird.

Der Induktionszähler ist heute der Zähler geworden, der mit dem Ausbau der Überlandzentralen in größten Mengen gebraucht wird. Auf seine konstruktive Durchbildung mußte deshalb die größte Sorgfalt verwendet werden, um einen Massenartikel daraus zu machen, der sich mit größter Wirtschaftlichkeit herstellen läßt und dabei ein Höchstmaß der elektrischen Eigenschaften erreicht. Die messenden Systeme, die ganz erhebliche Abmessungen hatten, wurden durch intensive Ausnützung der magnetischen Verhältnisse immer kleiner (Abb. 26). So wiegt z. B. heute das Spannungseisen eines SSW-Zählers nur noch etwa 190 g gegenüber dem des alten Blathyzählers von 6,3 kg und dem des Raabzählers von 1,7 kg. Hand in Hand damit ging natürlich auch eine bedeutende Verminderung des Gesamtgewichtes. So steht dem Gewicht des Blathyzählers von 36,5 kg das Gewicht neuzeitlicher Wechselstromzähler von 1—2 kg gegenüber. Das Gesamtgewicht der Zähler suchte man insbesondere durch Ersatz der Gußkonstruktionsteile durch Stanz- und Biegeteile zu vermindern. So brachten Landis & Gyr 1910 und Isaria-Zählerwerke 1913 einen leichteren aus Blechteilen zusammengesetzten Zähler auf den Markt. Bahnbrechend und vorbildlich war aber erst das D.R.P. Nr. 294056 vom 7. April 1914 der SSW[1], durch welches der Weg gezeigt wurde, auf einfache Weise einen in sich völlig stabilen Stanzkörper bei geringem Materialaufwand herzustellen. Ein großer Teil der anderen Firmen hat dann einen ähnlichen Weg beschritten. Daß jedoch auch mit Gußteilen ein leichter kleiner Zähler geschaffen werden kann, beweist der Kleinstzähler der Bergmann A.-G. mit einem Gewicht von etwa 1,3 kg. Kurze Zeit später wurde auch das Gewicht der Stanzzähler, das sich bisher auf etwa

Abb. 26.
Blathyzähler und moderner Wechselstromzähler (SSW).

[1] Schmiedel: Z. V. d. I. 1922, S. 302.

2 kg hielt, auf etwa 1 kg gebracht, zuerst durch den W-8-Zähler der SSW. Das Ausland bevorzugt auch heute vorwiegend noch Gußkonstruktionen im Gewicht von 4—5 kg.

Die Aufgabe der Leistungsmessung im Drehstromnetz ist von Aron durch seine Zweiwattmetermethode[1] in klassischer Weise gelöst worden. Die Methode läßt sich natürlich ohne weiteres auch auf die Verbrauchsmessung übertragen, indem man statt 2 Wattmeter 2 Zähler nimmt bzw. 2 Zählerelemente auf ein gemeinsames Zählwerk arbeiten läßt. Aron selbst wandte die Schaltung durch entsprechende Kombination der Strom- und Spannungsspulen auf seinen Pendelzähler an[2]. Für andere Firmen war dieser Weg durch die Patente Arons gesperrt, sofern sie nicht Lizenz bezahlen wollten. Dies hatte zur Folge, daß nach anderen Methoden gesucht werden mußte, die auch in den sog. Kunstschaltungen gefunden wurden. Die bekannteste ist die von Möllinger[3] (Abb. 27) angegebene, bei der drei im Stern geschaltete Spannungseisen vorhanden sind, von denen nur zwei, die eine innere Feldverschiebung von 75⁰ besitzen müssen, motorisch auf die entsprechend angeordneten Stromfelder wirksam sind, während das dritte nur als induktiver Widerstand mit einer Verschiebung von 55⁰ zwischen Strom und Spannung zur Bildung eines Knotenpunktes dient. Mit Hilfe dieser Schaltung bildete die Schuckert-Gesellschaft ihren Zähler Modell FU[4] (Abb. 28) aus und brachte damit den ersten Induktionszähler für Drehstrom auf den Markt. Heute, nachdem das Aronpatent abgelaufen ist, werden allgemein die Drehstromzähler nach der Zweiwattmetermethode geschaltet.

Abb. 27. Adolf Möllinger.

Abb. 28. Drehstromzähler Modell FU der Schuckert-Gesellschaft.

[1] D.R.P. Nr. 363350 vom 26. September 1891. [2] Aron: ETZ 1891, S. 193.
[3] D.R.P. Nr. 100748 vom 20. Mai 1897. [4] Möllinger: ETZ 1900, S. 573.

Von den elektrochemischen Zählern, die wir in ihren ersten Anfängen verlassen haben, konnten diejenigen, bei denen Metallniederschläge auf Elektroden zur Messung dienten, sich gegenüber den Pendel- und Motorzählern nicht behaupten, wenn auch einige Konstruktionen, wie die von Long und Schattner[1] und Mordey Fricker[2], insbesondere als Selbstverkäufer ausgebildet, einige Verbreitung fanden.

Der auf dem Prinzip des Knallgasvoltameters beruhende Bastianzähler[3] hat in England Bedeutung erlangt und wird heute noch dort hergestellt (Abb. 29). Zwischen Platinplatten wird alkalisches Wasser beim

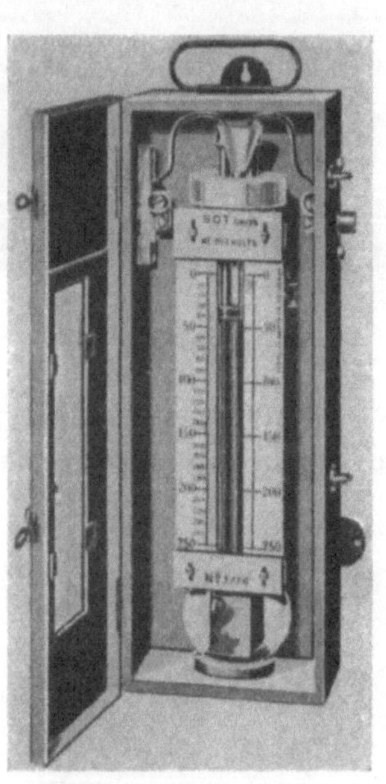

Abb. 29.
Bastian-Knallgas-Elektrolytzähler.

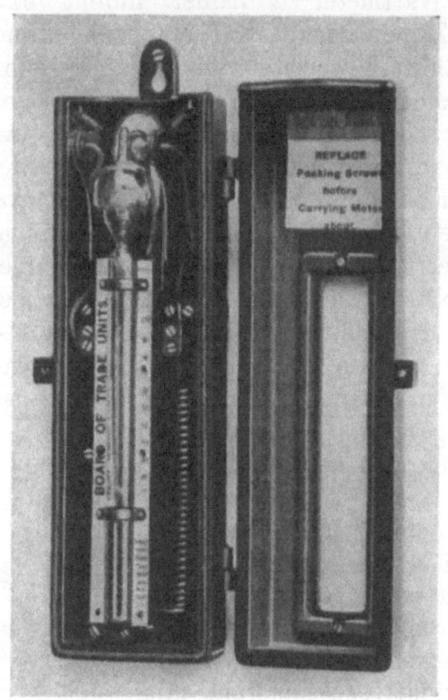

Abb. 30.
Quecksilber-Elektrolytzähler von A. W. Wright.

Stromdurchgang zersetzt. Die zersetzte Wassermenge wird an einer Skala abgelesen. Bevor die Röhre völlig entleert ist, muß Wasser nachgegossen werden, da sonst die Gasmenge infolge des entstehenden Unterbrechungsfunkens explodiert.

Alle elektrochemischen Zähler mußten in der Praxis scheitern, solange es nicht möglich war, den Vorgang innerhalb eines völlig abgeschlossenen Gefäßes sich abspielen zu lassen. Der erste Zähler, der diesen Anforderungen genügte, war der von Wright[3] angegebene und von Hatfield[4] vervollkommnete, in Deutschland als Stiazähler benannte Quecksilberelektrolytzähler (Abb. 30). Als Elektrolyt ist Quecksilber-Jod-Kalium, als Anode Quecksilber verwendet. Die Kathode bestand anfangs aus

[1] Engl. Pat. Nr. 16875 vom 4. August 1898.
[2] Engl. Pat. Nr. 15704 vom 14. Juli 1904.
[3] D.R.P. Nr. 108408 vom 25. November 1898. [4] ETZ 1909, S. 784.

Iridium, jetzt aus Kohle. Beim Stromdurchgang scheidet sich das Quecksilber in Tropfen aus und fällt in ein Meßrohr als Maß für die verbrauchte Elektrizitätsmenge. Bevor dasselbe ganz gefüllt ist, muß es durch Kippen wieder entleert werden. Dies ist ein gewisser Nachteil, der allen Elektrolytzählern anhaftet. Eine Nachkontrolle der Ablesung nach dem Kippen ist ausgeschlossen. Man muß sich deshalb auf die Zuverlässigkeit des Personals verlassen können.

Der von Holden 1905 angegebene Wasserstoffzähler wurde von Hatfield[1] durch Ausbildung einer besonderen Kathode, bestehend aus einer Gaskammer, die durch ein mit Rhodium vermohrtes feinmaschiges Goldnetz abgeschlossen ist, wesentlich verbessert. Der Bau dieser Zähler wurde 1914 von den Deutschen Solarwerken übernommen, ohne jedoch praktische Bedeutung zu erlangen. In den letzten 10 Jahren haben die SSW[2] das Prinzip aufgegriffen und den Zähler mit einer von Trümpler angegebenen Kathode (Modell E 1), später mit einer verbesserten Hatfieldkathode zu einer praktisch brauchbaren Entwicklung gebracht (Abb. 31).

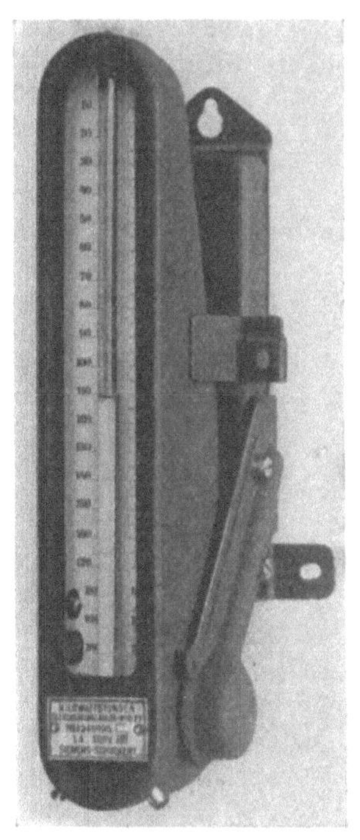

Abb. 31. SSW-Wasserstoff-Elektrolytzähler.

Eine weitere Klasse von Zählern umfassen die sog. elektromechanischen. Es sind dies Zähler, bei denen irgendein mechanisches Glied, z. B. die Stellung eines Hebels oder Zeigers, durch irgendein elektrisches Meßgerät beeinflußt wird. Auf keinem Zählergebiet waren von jeher die Erfinder tätiger als auf diesem. Es bestehen eine Unzahl Patente, die sich jedoch fast alle als gänzlich fruchtlos erwiesen haben. Nur der Säbel- bzw. Unruhezähler von Siemens & Halske (Abb. 32) konnte eine praktische Bedeutung erlangen. Er beruht auf einem im Patent Nr. 25919 vom 12. August 1883 von Werner Siemens[3] angegebenen Prinzip der absatzweisen Zählung. Ein durch ein Uhrwerk in gleichen Zeiten hin und her bewegter fein gezahnter Hebel von besonderer säbelartiger Form — daher der Name Säbelzähler — wird gegen den schneidenförmig ausgebildeten Zeiger eines Meßinstrumentes (Strommesser oder Wattmesser) geführt. Sein Weg wird durch die jeweilige Stellung des Zeigers begrenzt und ist infolge der besonderen Form des Hebels proportional der momentan vorhandenen Stromstärke bzw. Leistung. Die einzelnen Hebelwege wer-

[1] ETZ 1914, S. 739.

[2] Keßler und v. Krukowski: ETZ 1925, S. 1299.

[3] W. v. Siemens: Wissenschaftliche und Technische Arbeiten, S. 521, ETZ 1892, S. 289.

den durch ein Zählwerk summiert, das direkt den Verbrauch anzeigt. Der Zähler wurde später durch Professor Raps[1] wesentlich verbessert unter Verwendung eines Drehspulinstrumentes von hoher Genauigkeit. Der Hebel wurde durch eine auf elektrischem Wege in Schwingungen versetzte schwere Unruhe bewegt. Es war dies ein sehr genauer Zähler. Seine Herstellung war jedoch so kostspielig, daß die Fabrikation 1904 wieder aufgegeben wurde.

Bei der immer mehr zunehmenden Verwendung und Verbreitung der Elektrizität machten sich bei den Werken die während 24 Stunden sehr stark schwankenden Belastungen sehr unangenehm bemerkbar, indem sich zur Zeit der Lichtbelastung eine erhebliche Spitze ausbildete, für die also die Größe der ganzen Anlage zugeschnitten werden mußte, während der Bedarf zur Tages- und insbesondere zur Nachtzeit äußerst gering war. Gisbert Kapp[2] schlug deshalb vor, den Verbrauch zur ausgesprochenen Lichtzeit höher zu berechnen als zur übrigen Zeit, um die Abnehmer zu veranlassen, zu dieser Zeit mit dem Verbrauch möglichst sparsam umzugehen, und begründete damit das Doppeltarifsystem. Die Zähler hierfür erhielten nunmehr meistens 2 Zählwerke, die durch eine Uhr wechselseitig in Betrieb oder stillgesetzt wurden, sei es durch rein mechanische Übertragung oder durch Zwischenrelais. Die erste praktisch durchgebildete Doppeltarifeinrichtung (Abb. 33) zeigte die Schuckert A. G. 1900 auf der Weltausstellung in Paris.

Abb. 32.
Säbelzähler von Siemens & Halske.

Um diese Zeit wurde das Tarifsystem bei dem EW Stuttgart unter seinem Direktor Erhard, der in Deutschland wohl als erster seine tariftechnischen Vorteile erkannte, eingeführt, dem dann eine größere Anzahl Werke folgte.

Es hat einesteils nicht an Versuchen gefehlt, die Umschaltung der beiden Zählwerke von der Zentrale aus zu bewirken, sei es beispielsweise durch momentane Erhöhung oder Erniedrigung der Spannung[3], durch Überlagerungen von Wechselstrom anderer Frequenz[4], durch Hinaussenden Hertzscher Wellen[5] usw., anderseits die Drehzahl des Zählers

[1] ETZ 1898, S. 148. [2] Engl. Pat. Nr. 6707 vom 7. April 1892.
[3] Mathiesen: D.R.P. Nr. 127371 vom 26. Februar 1901.
[4] Loubery: D.R.P. Nr. 132277 vom 23. Mai 1901.
[5] Renous und Turpain: D.R.P. Nr. 143511 vom 4. April 1902.

zeitweise zu beeinflussen, z. B. durch Einschalten von Widerständen[1] oder durch Veränderung der Dämpfung[2]. Aber alle diese Vorschläge sind über das Versuchsstadium nicht hinausgekommen. Lediglich die Anordnung von Baumann[3], bei der das Zählwerk durch besonders konstruierte Getriebe abwechselnd angetrieben und wieder stillgesetzt wird, wurde in einigen Schweizer Werken verwendet. Auch hat in neuerer Zeit das EW Neuenburg[4] in der Schweiz einen Mehrfachtarif eingeführt, bei dem eine Uhr periodisch und je nach der Tageszeit veränderlich, den Nebenschlußkreis des Zählers öffnet und schließt.

Abb. 33. Doppeltarifeinrichtung der Schuckert-Gesellschaft.

Außer dem Doppeltarif hat noch eine zweite Tarifform besondere Bedeutung erlangt, nämlich der Maximaltarif. Das von A. W. Wright entworfene System geht von dem Grundsatz aus, daß jeder Verbraucher an den Gesamtkosten der Stromerzeugung im gewissen Maße beteiligt ist und mit diesen Kosten von vornherein belastet werden müsse. Wright verwendet bei seinem System neben dem normalen Zähler einen Höchstverbrauchsmesser. Dieser[5] besteht aus einem Differential-

[1] Rasch: D.R.P. Nr. 82673 vom 26. Februar 1895.
[2] Union A.G., D R.P. Nr. 99840 vom 27. April 1898.
[3] D.R.P. Nr. 142945 vom 10. April 1902.
[4] Martenet: Schweiz. Pat. Nr. 72285 vom 21. August 1915.
[5] Engl. Pat. Nr. 583 vom 11. Januar 1893.

thermometer, dessen einer mit Luft gefüllter Ballon durch eine Heizwicklung erwärmt wird. Durch die Ausdehnung der Luft sinkt die Flüssigkeit in dem einen Schenkel und steigt in dem anderen, wobei sie in eine zweite Röhre fällt, und zwar in um so größerer Menge, je höher die Stromstärke in der Heizwicklung steigt. Die in dem zweiten Rohr befindliche Flüssigkeitsmenge ist deshalb ein Maß für den maximal vorhanden gewesenen Strom. Der Apparat wurde von der Reason-Gesellschaft in England und von der Lux A. G. in Deutschland hergestellt. An Stelle der Heizwicklung können zur Erwärmung der Luft auch Thermoelemente verwendet werden[1], um eine der Stromstärke proportionale Teilung am Meßrohr zu erhalten.

Weiterhin wurde eine Anzahl Vorrichtungen ersonnen, um den Zähler selbst als Maximumzähler auszubilden, und zwar wurde zunächst daran gedacht, ihn gewissermaßen als Zugkraftmesser zu benutzen. So ordneten Barker und Ewing[2] die Dämpfungsmagnete drehbar mit einer starken Feder als Gegenkraft an, während Halsey[3] Scheibe und Achse des Zählers nicht starr unter sich, sondern durch eine Feder verband. Durch beide Vorrichtungen wurde dann ein Zeigermechanismus proportional der Wattbelastung in Bewegung gesetzt. Mathiesen[4] veränderte die Stellung und damit die Umdrehungszahl der Scheibe zu den fest angeordneten Magnetpolen durch einen Fliehkraftregler. Die praktische Lösung des Problems wurde wieder, wie so oft in der Technik, unabhängig an mehreren, in diesem Falle drei Stellen gefunden, nämlich in England von Merz[5], in Deutschland von der Schuckert-Gesellschaft[6]. Wenige Tage vor der Anmeldung des Schuckertpatentes hatte die AEG die gleiche Anordnung Interessenten vorgeführt, so daß ihr das Mitbenutzungsrecht auf das Patent zustand. Die Einrichtung besteht darin, daß ein zweites Zählwerk, welches den Maximumzeiger antreibt, auf eine ganz bestimmte Zeit mit dem Zähler gekuppelt wird, während es nach Ablauf dieser Zeit entkuppelt und durch irgendeine Kraft in seine Anfangslage zurückgebracht wird, wobei der Maximumzeiger in der erreichten Endlage stehenbleibt. Indem man die Zeit der Kupplung nicht zu kurz wählt, meist 15 oder 30 Minuten,

Abb. 34. SSW-Maximumzähler.

[1] Lux: D.R.P. Nr. 120205 vom 11. November 1900.
[2] D.R.P. Nr. 121897 vom 5. August 1899.
[3] Amer. Pat. Nr. 638011 vom 28. November 1899.
[4] D.R.P. Nr. 127407 vom 14. März 1901.
[5] Engl. Pat. Nr. 5530 vom 5. März 1902.
[6] D.R.P. Nr. 137115 vom 25. April 1902.

haben Stromstöße, wie sie beim Einschalten von Motoren oder Kurzschlüssen vorkommen, auf den Endwert keinen Einfluß. Alle heute auf dem Markt befindlichen Maximumzähler sind nach diesem Prinzip gebaut und bilden einen sehr wichtigen Tarifapparat (Abb. 34).

Versieht man nach dem Vorschlag Agthes[1] den Mitnehmer des Maximumzeigers mit einer Schreibfeder, die über einen Papierstreifen gleitet, der am Ende jeder Registrierperiode um ein Stück verschoben wird, so entsteht der „schreibende Maximumzähler", ein Apparat, der über alle Betriebsvorgänge in einer Anlage jeden nur gewünschten Aufschluß gibt und deshalb in größeren Anlagen mit Vorteil verwendet[2] wird.

Für Anlagen, bei denen eine gewisse Leistung pauschal entnommen werden kann, während bei Überschreitung dieser Leistung der Überverbrauch gemessen werden soll, hat man Subtraktionszähler, auch Spitzenzähler (Abb. 35) genannt, gebaut. Die grundlegende Idee für diesen Zähler enthält das Patent der Schuckert A. G. Nr. 143124 vom 9. November 1902. Der normale Zähler hat eine Sperrung gegen Rückwärtslauf und eine Vorrichtung, welche ein konstantes rückwirkendes Drehmoment hervorruft, das so abgestimmt ist, daß der Zähler dasselbe eben überwindet, wenn die als Pauschale vereinbarte Leistung überschritten wird. Dieses Rückdrehmoment kann auf elektrischem Wege durch eine von der Spannung erregte Wicklung oder mechanisch durch ein Spannwerk hervorgebracht werden. Letztere Art eignet sich besonders für Kleinabnehmerzähler. Sie ist von den SSW[3] und AEG[4] konstruktiv durchgebildet worden. Man kann aber auch durch ein Uhrwerk mit konstanter Geschwindigkeit das eine Sonnenrad eines Differentialgetriebes[5] antreiben, während das andere Sonnenrad vom Zähler aus angetrieben wird. Das Planetenrad kann nur umlaufen mit der Differenz der beiden Geschwindigkeiten, wenn die Zählergeschwindigkeit größer ist als die Uhrengeschwindigkeit. In der anderen Richtung ist es gesperrt. Statt

Abb. 35. SSW-Spitzenzähler.

[1] El. u. Maschinenb. 1912, S. 1051.
[2] Möllinger: Mitt. V. El.-Werke, Oktober 1921, S. 13.
[3] D R.P. Nr. 341491 vom 14. Mai 1919; Singer und Paschen: ETZ 1922, S. 1377. [4] D.R.P. Nr. 323324 vom 19. Juni 1919.
[5] Schuckert: D.R P. Nr. 155040 vom 1. Oktober 1903.

beide Kräfte gegeneinander wirken zu lassen, wirken bei den Subtraktionszählern der AEG[1] dieselben im gleichen Sinn, wobei ihr Geschwindigkeitsunterschied bestimmt wird.

Im vorstehenden wurde versucht, innerhalb eines beschränkten Raumes einen historischen Abriß der Zählerentwicklung zu geben. Aber schon aus dieser kurzen Darstellung ist zu ersehen, wie intensiv gerade auf diesem Gebiete in den letzten 40 Jahren gearbeitet wurde. Aus Mechanikerwerkstätten, in denen anfangs die Zähler ausgeführt wurden, entwickelten sich große Fabriken für Massenanfertigung, von denen die größten bis zu 5000 und 6000 Zähler pro Tag herstellen können.

[1] D.R.P. Nr. 175126 vom 30. Januar 1906.

Werner Siemens. Ein kurzgefaßtes Lebensbild nebst einer Auswahl seiner Briefe. Aus Anlaß der 100. Wiederkehr seines Geburtstages herausgegeben von **Conrad Matschoß.** Zwei Bände. Mit 6 Bildnissen und der Nachbildung eines Briefes. XI, 977 Seiten. 1916. Unveränderter Neudruck 1925. Gebunden RM 36.—

Wissenschaftliche und technische Arbeiten. Von **Werner v. Siemens.**

Erster Band: **Wissenschaftliche Abhandlungen und Vorträge.** Mit in den Text gedruckten Abbildungen und dem Bildnis des Verfassers. Zweite Auflage. VIII, 422 Seiten. 1889. RM 5.—

Zweiter Band: **Technische Arbeiten.** Mit 204 in den Text gedruckten Abbildungen. Zweite Auflage. X, 601 Seiten. 1891. RM 7.—

Lebenserinnerungen von **Werner v. Siemens.** Zwölfte Auflage. Mit 6 Tafeln. IV, 221 Seiten. 1922. Gebunden RM 3.—

Ludwig Darmstaedters Handbuch zur Geschichte der Naturwissenschaften und der Technik. In chronologischer Darstellung. Zweite, umgearbeitete und vermehrte Auflage. Unter Mitwirkung von Prof. Dr. **R. du Bois-Reymond** und Oberst z. D. **C. Schaefer,** herausgegeben von Prof. Dr. **L. Darmstaedter.** XII, 1262 Seiten. 1908. Gebunden RM 16.—

---

40 Jahre Fernsprecher. Stephan — Siemens — Rathenau. Von Geh. Oberpostrat **Oskar Grosse.** Mit 16 Textabbildungen. VI, 90 Seiten. 1917. RM 3.—

Das Telephon und sein Werden. Von Oberingenieur **August Rotth.** Mit einem Geleitwort von Dr.-Ing. e. h. E. Feyerabend, Staatssekretär im Reichspostministerium. Mit 33 Abbildungen. VIII, 148 Seiten. 1927. Gebunden RM 4.50

Geschichte des Elektroeisens mit besonderer Berücksichtigung der zu seiner Erzeugung bestimmten elektrischen Öfen. Von Prof. Dr. techn. **O. Meyer,** Klagenfurt. Mit 206 Textfiguren. VIII, 187 Seiten. 1914. RM 7.—

Die Elektrizitäts-Lieferungs-Gesellschaft Berlin. 1897—1922. Ein Rückblick auf 25 Jahre ihrer Entwicklung von Dr.-Ing. **G. Siegel.** Mit zahlreichen Textabbildungen und Tafeln. 154 Seiten. 1922. RM 10.—

Die wissenschaftlichen Grundlagen des Rundfunkempfangs. Vorträge zahlreicher Fachleute, veranstaltet durch das Außeninstitut der Technischen Hochschule zu Berlin, den Elektrotechnischen Verein und die Heinrich-Hertz-Gesellschaft zur Förderung des Funkwesens. Herausgegeben von Professor Dr.-Ing. e. h. Dr. **K. W. Wagner,** Mitglied der Preußischen Akademie der Wissenschaften, Präsident des Telegraphentechnischen Reichsamts. Mit 253 Textabbildungen. VIII, 418 Seiten. 1927. Gebunden RM 25.—

Für die Mitglieder der Heinrich-Hertz-Gesellschaft, des Elektrotechnischen Vereins, Berlin, sowie für die Beamten der Reichspost- und Telegraphenverwaltung Vorzugspreis.

Die Transformatoren. Von Prof. Dr. techn. **Milan Vidmar,** Ljubljana. Zweite, verbesserte und vermehrte Auflage. Mit 320 Abbildungen im Text und auf einer Tafel. XVIII, 752 Seiten. 1925. Gebunden RM 36.—

Der Transformator im Betrieb. Von Prof. Dr. techn. **Milan Vidmar,** Ljubljana. Mit 126 Abbildungen im Text. VIII, 310 Seiten. 1927. Gebunden RM 19.—

Theorie der Wechselstromübertragung (Fernleitung und Umspannung). Von Dr.-Ing. **H. Grünholz.** Mit 130 Abbildungen im Text und auf 12 Tafeln. VI, 222 Seiten. 1928. Gebunden RM 36.75

Hochfrequenzmeßtechnik. Ihre wissenschaftlichen und praktischen Grundlagen. Von Dr.-Ing. **August Hund,** Beratender Ingenieur. Zweite, vermehrte und verbesserte Auflage. Mit 287 Textabbildungen. XIX, 526 Seiten. 1928. Gebunden RM 39.—

Hochspannungstechnik. Von Dr.-Ing. **Arnold Roth.** Mit 437 Abbildungen im Text und auf 3 Tafeln sowie 75 Tabellen. VIII, 534 Seiten. 1927. Gebunden RM 31.50

Die Grundlagen der Hochvakuumtechnik. Von Dr. **Saul Dushman.** Deutsch von Dr. phil. **R. G. Berthold** und Dipl.-Ing. **E. Reimann.** Mit 110 Abbildungen im Text und 52 Tabellen. XII, 298 Seiten. 1926. Gebunden RM 22.50

Elektrische Vollbahnlokomotiven. Ein Handbuch für die Praxis sowie für Studierende. Von Dr. techn. **Karl Sachs,** Ingenieur der A.-G. Brown, Boveri & Cie., Baden (Schweiz). Mit 448 Abbildungen im Text und 22 Tafeln. XI, 461 Seiten. 1928. Gebunden RM 84.—

Bau großer Elektrizitätswerke. Von Prof. Dr.-Ing. h. c., Dr. phil. **G. Klingenberg,** Geh. Baurat. Zweite, vermehrte und verbesserte Auflage. Mit 770 Textabbildungen und 13 Tafeln. VIII, 608 Seiten. 1924. Berichtigter Neudruck 1926. Gebunden RM 45.—